WIR WIEDERHOLEN PHYSIK

herausgegeben von Dipl.-Phys. Dietmar Mende

Band 6: Schwingungen

verfaßt von Dr. rer. nat. Wolfgang Scholz

Mit 78 Bildern
39 Beispielen
und 40 Aufgaben
mit Lösungen

Verlag Harri Deutsch
Thun und Frankfurt/M.

CIP-Kurztitelaufnahme der Deutschen Bibliothek

Wir wiederholen Physik / hrsg. von Dietmar Mende. –
Thun: Frankfurt/M.: Deutsch
NE: Mende, Dietmar [Hrsg.]
Bd. 6. Schwingungen / verf. von Wolfgang Scholz, – 1986
ISBN 3-87144-859-1
NE: Scholz, Wolfgang [Mitverf.]

ISBN 3 87144 859 1
Redaktionsschluß: 15. 5. 1986

Lizenzausgabe für den Verlag Harri Deutsch · Thun
Printed in GDR
Satz und Druck: Messedruck Leipzig, Bereich Borsdorf III-18-328

Vorwort

Das Werk »Wir wiederholen Physik« soll eine Möglichkeit bieten, physikalisches Wissen zu aktivieren, zu vertiefen und zu ergänzen. Hierbei ist an einen Leserkreis gedacht, zu dem Schüler – besonders bei der Vorbereitung auf ein Studium –, Studenten in den Anfangssemestern und Lehrer gehören.
Die methodische Konzeption besteht in einem ständigen Wechsel von Lehrtext, durchgerechneten Übungsbeispielen sowie Aufgaben. Der 6. Band vermittelt Grundlagen über mechanische und elektrische Schwingungen. Durch zahlreiche physikalische und technische Anwendungen soll die Fähigkeit entwickelt werden, schwingungsfähige Systeme zu erkennen, durch Modelle zu vereinfachen und zu analysieren.
Unter Voraussetzung von Grundkenntnissen aus der Differential- und Integralrechnung werden Schwingungsdifferentialgleichungen mit ihren Lösungen in elementarer Form dargestellt.
Für Anregungen und Vorschläge zur Verbesserung der Broschüren »Wir wiederholen Physik« sind wir stets dankbar.

Autoren und Verlag

Inhaltsverzeichnis

Verwendete Formelzeichen

A	Fläche
a	Beschleunigung
a_{m}	Beschleunigungsamplitude
B	Magnetische Induktion
B_C	Kapazitiver Blindleitwert
B_L	Induktiver Blindleitwert
C	Kapazität
D	Winkelrichtgröße
d	Durchmesser
E	Energie
F	Kraft
f	Frequenz
G	Schubmodul
g	Fallbeschleunigung
H	Magnetische Feldstärke
h	Höhe
I	Flächenträgheitsmoment Effektivwert der Stromstärke
i	Momentanwert der Stromstärke
J	Massenträgheitsmoment
j	Imaginäre Einheit
k	Federkonstante, Richtgröße
L	Induktivität
l	Länge
M	Drehmoment
m	Masse
m_{magn}	Magnetisches Moment
P	Wirkleistung
P_{q}	Blindleistung
P_{s}	Scheinleistung
p	Momentanleistung
Q	Elektrische Ladung
q	Momentanwert der elektrischen Ladung
r	Radius, Dämpfungskonstante
s	Schwerpunktabstand, Ortskoordinate
T	Periodendauer
t	Zeit
U	Effektivwert der elektrischen Spannung
u	Momentanwert der elektrischen Spannung
V	Volumen
v	Geschwindigkeit
v_{m}	Geschwindigkeitsamplitude
X_C	Kapazitiver Blindwiderstand
X_L	Induktiver Blindwiderstand
x	Ortskoordinate
Y	Scheinleitwert
y	Schwingweg, Elongation, Ortskoordinate
y_{m}	Amplitude
Z	Scheinwiderstand
z	Anzahl
δ	Abklingkonstante
ε	Drehwinkel
ε_{m}	Winkelamplitude
$\varkappa$	Adiabatenexponent
Λ	Logarithmisches Dekrement
μ	Reibungszahl
ϱ	Dichte
σ	Zugspannung
Φ	Magnetischer Fluß
φ	Nullphase
ψ	Phase, Phasenwinkel
Ω	Kriechkonstante
ω	Kreisfrequenz, Winkelgeschwindigkeit

1. Entwicklung des Schwingungsbegriffs

1.1. Periodische Vorgänge

In diesem Abschnitt soll der sehr vielschichtige Begriff *Schwingung* abgegrenzt werden. Dazu werden drei Vorgänge beschrieben, bei denen sich physikalische Größen zeitlich ändern.

Schreibstimmgabel

Mit einer Stahlborste, die an einer Zinke der schwingenden Stimmgabel befestigt ist, wurde auf einer berußten Glasplatte die in Bild 1 dargestellte Spur geschrieben. Wenn die Stimmgabel mit konstanter Geschwindigkeit nach rechts gezogen wird, ist das Bild als Ort-Zeit-Diagramm für die Schwingung eines Gabelpunkts zu betrachten.

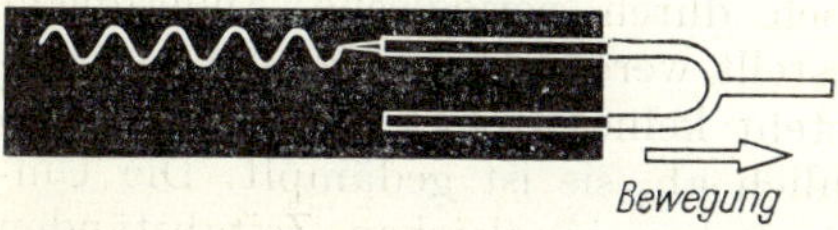

Bild 1

Ablenkspannung

In der Fernseh-Bildröhre wird der Elektronenstrahl mit magnetischen Feldern horizontal und vertikal abgelenkt. Diese werden von Spulenpaaren erzeugt, die sich am Hals der Röhre befinden. Bild 2 zeigt das Oszillogramm für die Spannung, mit der die Spulen zur Horizontalablenkung versorgt werden. Dafür wird die anschauliche Bezeichnung „Sägezahnspannung" verwendet. Während des langsamen Anwachsens schreibt der Elektronenstrahl auf dem Bildschirm eine Zeile (Vorlauf). Beim schnellen Abfall wird der Strahl unterdrückt (Rücklauf).

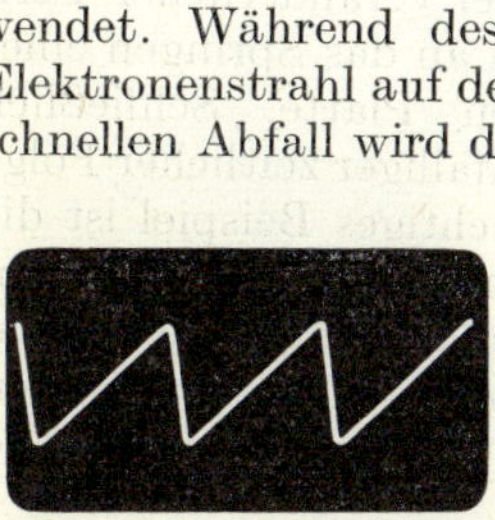

Bild 2

Temperaturverlauf

In Bild 3 ist dargestellt, wie sich die Lufttemperatur in einer Stadt an zwei aufeinanderfolgenden Januartagen änderte. Die Temperatur schwankt um einen Mittelwert, der bei — 7 °C liegt. Der Einfluß der täglichen und jährlichen Temperaturschwankungen muß z.B. bei der Bemessung der thermischen Eigenschaften von Gebäuden berücksichtigt werden.

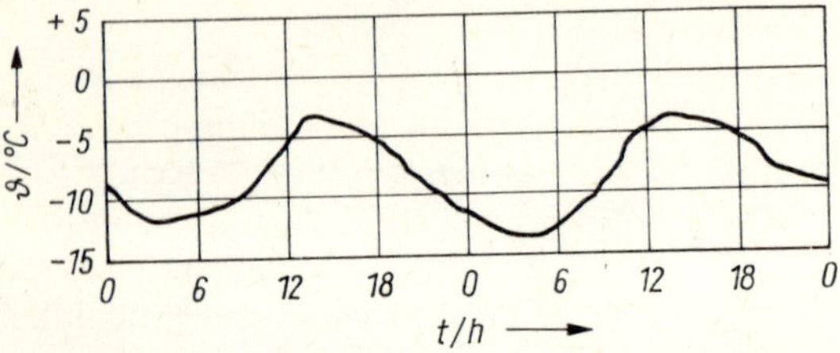

Bild 3

Bei den drei genannten Vorgängen wiederholt sich wenigstens annähernd nach einer bestimmten Zeitdauer jeweils der gleiche Ablauf, die betrachteten zeitlichen Änderungen haben periodische Merkmale. Im Falle der Temperaturschwankungen sind die Unregelmäßigkeiten am deutlichsten. Der wirkliche Temperaturverlauf kann jedoch durch periodische Änderungen sinnvoll vereinfacht dargestellt werden. Auch bei der Schwingung der Stimmgabel besteht keine strenge Periodizität. Die Schwingung klingt allmählich ab, sie ist gedämpft. Die Umkehrpunkte folgen aber trotzdem in gleichen Zeitabständen aufeinander. Außerdem vollzieht sich das Abklingen in Zeiten, die wesentlich größer als die Periodendauer sind.

Die Diskussion führt zum Verständnis der folgenden Definition:

Als Schwingung werden zeitliche Änderungen physikalischer Größen bezeichnet, bei denen periodische Merkmale vorhanden sind.

Diese Abgrenzung darf aber nicht zu eng ausgelegt werden. So wird der Schwingungsbegriff auch bei veränderlicher Periodendauer angewendet. Man denke etwa an das Springen eines Tischtennisballs auf der waagerechten Platte. Schließlich können schwingungsfähige Systeme in zufälliger zeitlicher Folge und Intensität angeregt werden. Ein wichtiges Beispiel ist die vertikale Bewegung der Karosserie eines Kraftfahrzeugs infolge der Unebenheiten der Fahrbahn. Solche Vorgänge werden als stochastische Schwingungen bezeichnet. Hier ist mit den periodischen Vorgängen nur noch die Schwankung um eine Gleichgewichtslage gemeinsam.

1.2. Einteilung der Schwingungen

Zur Systematisierung der Schwingungsvorgänge werden sehr verschiedenartige Merkmale herangezogen, die sich teilweise überschneiden. Die wichtigsten Möglichkeiten werden in diesem Abschnitt erläutert.

Art der schwingenden Größe

Mechanische Schwingungen sind periodische Änderungen von Orts- oder Winkelkoordinaten. Entsprechend sind Translations- und Rotationsschwingungen zu unterscheiden. In beiden Fällen ändern sich auch die zugehörigen Geschwindigkeiten und Beschleunigungen sowie z.B. Kräfte und Energien periodisch.
Bei den *elektrischen Schwingungen* handelt es sich um periodische Änderungen elektrischer Ladungen, Stromstärken und Spannungen sowie der damit verknüpften elektrischen und magnetischen Felder.

Zeitlicher Ablauf

Grundlegende Bedeutung hat hier die *harmonische Schwingung*. Ihr zeitlicher Ablauf wird durch eine Sinusfunktion beschrieben, daher auch die Bezeichnung Sinusschwingung.
Anharmonische Schwingungen zeigen einen anderen zeitlichen Verlauf. Sie können aber durch Zusammensetzen harmonischer Schwingungen dargestellt werden.
Die *sinusverwandten Schwingungen* bilden eine besondere Gruppe. Hierzu zählen gedämpfte sowie modulierte Schwingungen.

Art der Erzeugung

Freie Schwingungen laufen ab, sobald die Anregung beendet ist. Sie erfordern die Existenz eines schwingungsfähigen Systems.
Erzwungene Schwingungen (fremderregte Schwingungen) finden statt, wenn ein System bei seiner Schwingung ständig oder während einer gewissen Zeitdauer beeinflußt wird. Besonders wichtig sind hierbei die periodische und speziell die harmonische Anregung.
Selbsterregte Schwingungen beruhen auf einer periodischen Energiezufuhr, die durch das schwingende System selbst gesteuert wird. Wichtige Beispiele dafür findet man bei den mechanischen Uhren.

Energiebilanz

Ungedämpfte Schwingungen sind durch eine konstante mechanische oder elektromagnetische Gesamtenergie des schwingenden Systems gekennzeichnet. Bei *gedämpften Schwingungen* findet ein ständiger Energieentzug z. B. durch Reibung statt. Weitere Gesichtspunkte zur Systematisierung, die sich auf die Eigenschaften der schwingenden Systeme (Freiheitsgrade, Bewegungsgleichung) beziehen, werden in den nächsten Abschnitten ergänzt.

2. Harmonische Schwingungen

2.1. Feder-Masse-Systeme

In der alltäglichen Umgebung und speziell in der Technik findet man viele mechanische Systeme, die auf Grund elastischer Eigenschaften Schwingungen ausführen. Als Beispiele seien die Unruh von Uhren, gefederte Fahrzeuge, die Saiten von Musikinstrumenten und Glocken genannt. Die physikalische Behandlung ist kompliziert, wenn Körper sowohl mit ihrer Elastizität als auch ihrer Masse an den Vorgängen beteiligt sind. Bei dem Feder-Masse-System nach Bild 4 sind diese beiden Eigenschaf-

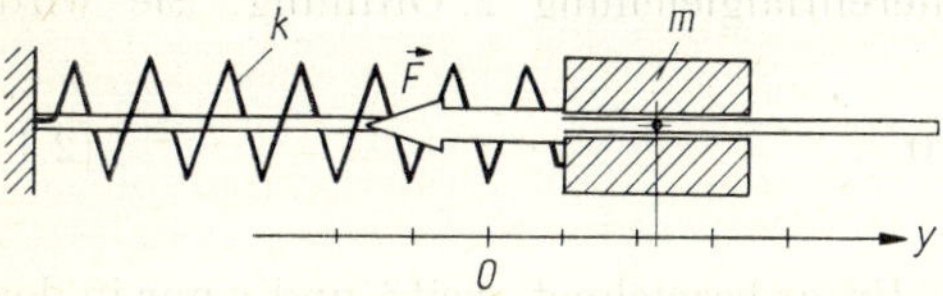

Bild 4

ten durch getrennte Elemente vertreten. Auch hier müßten in strengerer Betrachtung die Masse der Schraubenfeder und gegebenenfalls noch Drehbewegungen des zylindrischen Körpers um seine Längsachse berücksichtigt werden. Deshalb wird jetzt das reale Feder-Masse-System durch ein *Modell* mit den folgenden Eigenschaften ersetzt:

– Die Feder erfüllt das HOOKEsche Gesetz und ist masselos,
– der Körper wird als Massenpunkt betrachtet,
– das System ist reibungsfrei.

Die masselose Feder verhält sich zugleich quasistatisch. Sie verformt sich nicht auf einzelnen Abschnitten, sondern ständig gleichmäßig über die gesamte Länge. Mit dem Übergang zum Massenpunkt werden Drehbewegungen ausgeschlossen.
Es muß von Fall zu Fall geprüft werden, ob das beschriebene Modell das Verhalten realer Systeme hinreichend genau widerspiegelt. In den folgenden Abschnitten wird das zumeist ohne Begründung vorausgesetzt.

Das Modell hat darüber hinaus grundlegende Bedeutung; die damit gewonnenen Ergebnisse lassen sich auf andere Systeme, z.B. Drehschwinger, übertragen.
Die Lage des schwingenden Körpers wird nach Bild 4 durch die y-Koordinate beschrieben. Für $y = 0$ soll die Feder entspannt sein. Die auf den Körper wirkende Federkraft ist der Verformung proportional und ständig zur Gleichgewichtslage hin gerichtet. Das wird durch

$$F_y = -k\,y$$

ausgedrückt; k ist die Federkonstante. Die Gleichung beschreibt auch die Kraftrichtung:
Für $y > 0$ gilt $F_y < 0$, für $y < 0$ gilt $F_y > 0$.
Die NEWTONsche Bewegungsgleichung für das Feder-Masse-System lautet damit

$$m\,a_y = -k\,y.$$

Die Beschleunigung a_y ist die 2. Ableitung der Ort-Zeit-Funktion nach der Zeit; $a_y = \ddot{y}$. Daher ist die Bewegungsgleichung eine gewöhnliche Differentialgleichung 2. Ordnung. Sie wird meist in der Form

$$m\,\ddot{y} + k\,y = 0 \tag{2.1}$$

geschrieben.
Die Gleichung wird als *linear* bezeichnet, weil $\ddot{y}$ und y nur in der 1. Potenz vertreten sind. Auch das Feder-Masse-System wird darum linear genannt. Das darf jedoch nicht als Aussage über die Bahn des schwingenden Körpers verstanden werden. Später werden z.B. auch lineare Drehschwinger untersucht.
Die Differentialgleichung zu lösen bedeutet: Es ist eine noch unbekannte Funktion $y = y\,(t)$ zu bestimmen. Diese muß mit ihren Ableitungen der Differentialgleichung genügen. Die Funktion ist das Ort-Zeit-Gesetz für den schwingenden Körper. Sie wird im folgenden Abschnitt behandelt.

2.2. Bewegungsgesetze

Aus Experimenten geht hervor, daß Feder-Masse-Systeme harmonische Schwingungen (Sinusschwingungen) ausführen. Für diese gilt das Ort-Zeit-Gesetz

$$y = y_{\mathrm{m}} \sin\left(\frac{2\,\pi}{T}\,t + \varphi\right). \tag{2.2}$$

Das ist zugleich der Ansatz für die Lösung der Bewegungsgleichung. Das zugehörige Ort-Zeit-Diagramm ist in Bild 5 dargestellt.

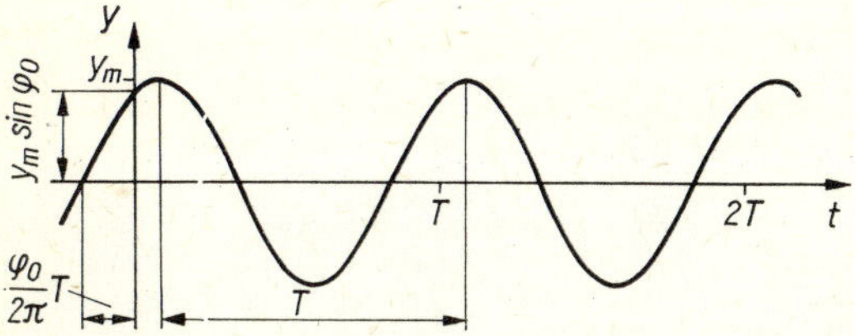

Bild 5

Die Größe T ist die Periodendauer der Schwingung. Das geht aus der folgenden Entwicklung hervor:

$$y\,(t + T) = y_\mathrm{m} \sin \left[\frac{2\,\pi}{T}\,(t + T) + \varphi\right],$$

$$y\,(t + T) = y_\mathrm{m} \sin \left[\left(\frac{2\,\pi}{T}\,t + \varphi\right) + 2\,\pi\right],$$

$$y\,(t + T) = y\,(t).$$

In einer Übersicht sind die wichtigsten Größen zusammengestellt, mit denen harmonische Schwingungen erfaßt werden.

Formelzeichen	Einheit	Bezeichnung	Erklärung
y	m	Schwingweg (Augenblicksweg, Elongation)	Auslenkung des schwingenden Körpers aus der Gleichgewichtslage
y_m	m	Amplitude	Maximalwert des Schwingweges
T	s	Periodendauer	Kleinstes Zeitintervall, nach dem sich ein Schwingungszustand wiederholt
f	Hz	Frequenz	$f = \frac{1}{T}$
ω	s^{-1}	Kreisfrequenz	$\omega = 2\,\pi\,f = \frac{2\,\pi}{T}$
ψ	rad = 1	Phase (Phasenwinkel)	$\psi = \omega\,t + \varphi$
φ	rad = 1	Nullphase (Phasenkonstante)	Phase zur Zeit $t = 0$

Das Ort-Zeit-Gesetz für die harmonische Schwingung kann damit auch in den Formen angegeben werden

$$y = y_{\mathrm{m}} \sin (2 \pi f t + \varphi),$$

$$y = y_{\mathrm{m}} \sin (\omega t + \varphi). \qquad (2.3)$$

Aus dem Ort-Zeit-Gesetz folgt durch Differenzieren nach der Zeit das Geschwindigkeit-Zeit-Gesetz. Hierbei ist die Kettenregel der Differentialrechnung anzuwenden:

$$y = y_{\mathrm{m}} \sin \psi, \qquad \psi = \omega t + \varphi;$$

$$v_y = \dot{y} = \frac{\mathrm{d} y}{\mathrm{d} t} = \frac{\mathrm{d} y}{\mathrm{d} \psi} \frac{\mathrm{d} \psi}{\mathrm{d} t};$$

$$\frac{\mathrm{d} y}{\mathrm{d} \psi} = y_{\mathrm{m}} \cos \psi, \qquad \frac{\mathrm{d} \psi}{\mathrm{d} t} = \omega;$$

$$v_y = \dot{y} = y_{\mathrm{m}} \omega \cos (\omega t + \varphi). \qquad (2.4)$$

Die zweite Ableitung führt zum Beschleunigungs-Zeit-Gesetz

$$a_y = \dot{v}_y = \ddot{y} = - y_{\mathrm{m}} \omega^2 \sin (\omega t + \varphi). \qquad (2.5)$$

Sinus- und Kosinusfunktion haben die Extremwerte ± 1. Daher gilt für die Geschwindigkeitsamplitude

$$v_{\mathrm{m}} = y_{\mathrm{m}} \omega, \qquad (2.6)$$

für die Beschleunigungsamplitude

$$a_{\mathrm{m}} = y_{\mathrm{m}} \omega^2 = v_{\mathrm{m}} \omega. \qquad (2.7)$$

Nun soll untersucht werden, ob der Ansatz der Bewegungsgleichung (2.1) genügt. Dazu wird im Beschleunigung-Zeit-Gesetz die Ortskoordinate als Faktor abgespalten. So erhält man

$$a_y = - \omega^2 y,$$

$$\ddot{y} + \omega^2 y = 0.$$

Das ist eine Differentialgleichung vom selben Typ wie die Bewegungsgleichung (2.1):

$$\ddot{y} + \frac{k}{m} y = 0.$$

Aus dem Vergleich der Koeffizienten in beiden Gleichungen folgt: Mit dem Ansatz (2.2) wird die Bewegungsgleichung gelöst, wenn die Bedingung

$$\omega = \sqrt{\frac{k}{m}} \qquad (2.8)$$

erfüllt ist.

Das bedeutet physikalisch: Die Kreisfrequenz der Schwingung ist durch die Federkonstante und die Masse des Systems bestimmt. Deshalb werden die Begriffe *Eigenschwingung, Eigenkreisfrequenz* bzw. *Eigenfrequenz* eingeführt.
Das Feder-Masse-System hat die Eigenfrequenz

$$f = \frac{1}{2\pi}\sqrt{\frac{k}{m}} \tag{2.9}$$

und die Periodendauer bei der Eigenschwingung

$$T = 2\pi\sqrt{\frac{m}{k}}\,. \tag{2.10}$$

Der Übergang von der Bewegungsgleichung zur Ort-Zeit-Funktion entspricht einer zweimaligen Integration. Die Amplitude und der Nullphasenwinkel sind die zugehörigen Integrationskonstanten. Über sie kann durch Anfangsbedingungen verfügt werden: die Angabe der Elongation und der Geschwindigkeit zur Zeit $t = 0$ (↗ Beispiel 3).
Die Analyse des Feder-Masse-Systems hat exemplarische Bedeutung; die Ergebnisse können auf andere harmonische Schwinger übertragen werden.

Beispiel 1

Ein Güterwaggon (Masse 18 t) rollt auf horizontaler Bahn mit der Geschwindigkeit 0,75 m/s gegen einen starren Prellbock. Beim Stoß werden die Pufferfedern maximal um 60 mm zusammengedrückt. Vereinfachend sei angenommen, daß der Waggon elastisch reflektiert wird. Unter dieser Voraussetzung sind zu berechnen:
die Dauer des Stoßes, die maximale Beschleunigung des Waggons und die Federkonstante einer Pufferfeder.

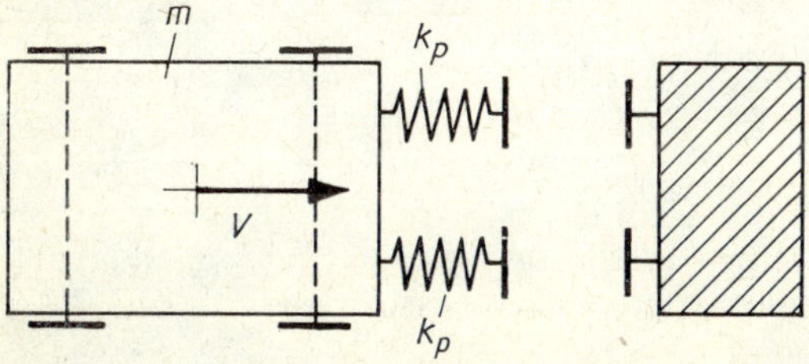

Bild 6

Lösung

Der Stoßvorgang ist als harmonische Schwingung eines Feder-Masse-Systems zu betrachten. Die beiden Pufferfedern können dabei durch eine Einzelfeder mit der Federkonstanten $k = 2\,k_P$ ersetzt werden.

Die maximale Verformung der Federn ist die Amplitude $y_m = 0{,}06$ m. Die angegebene Geschwindigkeit des Waggons ist die Geschwindigkeitsamplitude der Schwingung $v_m = 0{,}75$ m/s. Aus dem v, t-Gesetz (2.4) bzw. (2.6) folgt zunächst

$$\omega = \frac{v_m}{y_m}.$$

Die Dauer des Stoßes ist die halbe Periodendauer der Schwingung

$$t_s = \frac{T}{2} = \frac{\pi}{\omega},$$

$$\underline{\underline{t_s = \frac{\pi\, y_m}{v_m}}}$$

$$\underline{\underline{t_s = 0{,}25 \text{ s}.}}$$

Die maximale Beschleunigung gewinnt man aus dem a, t-Gesetz (2.5):

$$a_m = v_m\, \omega,$$

$$\underline{\underline{a_m = \frac{v_m^2}{y_m},}}$$

$$\underline{\underline{a_m = 9{,}4 \text{ m/s}^2.}}$$

Die Federkonstante folgt aus der Gleichung für die Eigenkreisfrequenz (2.8):

$$k_P = \frac{1}{2}\, \omega^2\, m,$$

$$\underline{\underline{k_P = \frac{v_m^2\, m}{2\, y_m^2},}}$$

$$\underline{\underline{k_P = 1{,}4 \cdot 10^6 \text{ N/m}.}}$$

Beispiel 2

Ein Feder-Masse-System führt im Schwerefeld eine vertikale Schwingung aus. Dafür sind die Bewegungsgleichung zu formulieren und die Eigenkreisfrequenz zu bestimmen.

Lösung

Das System ist in Bild 7 dargestellt; die Feder könnte sich jedoch auch unterhalb des Körpers befinden. Außer der Federkraft ist jetzt noch die Gewichtskraft zu berücksichtigen. Wenn

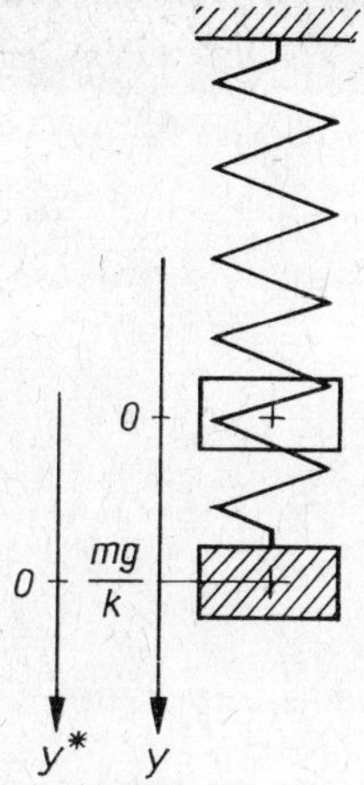

Bild 7

die Feder für $y = 0$ entspannt ist, gilt die Bewegungsgleichung

$$m\,a_y = -\,k\,y + m\,g = -\,k\left(y - \frac{m\,g}{k}\right).$$

Die Struktur ist gegenüber (2.1) verändert. Die Größe $\frac{m\,g}{k} = y_G$ ist die Koordinate des Körpers in der Gleichgewichtslage. Es ist zweckmäßig, den Koordinatenursprung dorthin zu verlegen. Die neue Koordinate ist

$$y^* = y - y_G.$$

Geschwindigkeit und Beschleunigung ändern sich hierbei nicht;

$$v_y{}^* = v_y,$$

$$a_y{}^* = a_y.$$

Die Bewegungsgleichung erhält dadurch die gleiche Form wie beim horizontalen Schwinger

$$\underline{\underline{m\,a_y{}^* + k\,y^* = 0.}}$$

Daraus folgt

$$\underline{\underline{\omega = \sqrt{\frac{k}{m}}}}\,.$$

Die Eigenkreisfrequenz ändert sich also nicht, wenn die Feder durch die Gewichtskraft vorgespannt wird. Das Beispiel zeigt außerdem, daß sich die Analyse schwingender Systeme vereinfacht, wenn die Ortskoordinate von der Gleichgewichtslage aus gezählt wird.

Beispiel 3

Bei einer harmonischen Schwingung der Frequenz $f = 15$ Hz gilt für $t = 0$:

$$y_0 = 20 \text{ mm}, \; v_{0y} = 2{,}4 \text{ m/s}.$$

Aus diesen Anfangsbedingungen sind der Nullphasenwinkel und die Amplitude zu bestimmen.

Lösung

Für $t = 0$ folgt aus dem y, t- und dem v_y, t-Gesetz

$$y_0 = y_\mathrm{m} \sin \varphi,$$

$$v_{0y} = y_\mathrm{m}\, \omega \cos \varphi.$$

Aus diesem Gleichungssystem für die beiden unbekannten Größen wird durch Division entsprechender Seiten der Gleichungen zuerst y_m eliminiert:

$$\frac{y_0}{v_{0y}} = \frac{\sin \varphi}{\omega \cos \varphi},$$

$$\tan \varphi = \frac{2 \pi f y_0}{v_{0y}},$$

$$\varphi = \arctan \frac{2 \pi f y_0}{v_{0y}},$$

$$\varphi = \arctan 0{,}785,$$

$$\varphi = 0{,}665 \text{ rad} = 38°.$$

Mit Hilfe der Beziehung $\sin^2 \varphi + \cos^2 \varphi = 1$ kann φ eliminiert werden. Dadurch erhält man

$$y_\mathrm{m} = \sqrt{y_0^2 + \frac{v_{0y}^2}{4 \pi^2 f^2}},$$

$$y_\mathrm{m} = 32{,}4 \text{ mm}.$$

2.3. Energieumwandlungen

Wenn Reibung ausgeschlossen wird, ist die mechanische Gesamtenergie eines schwingenden Feder-Masse-Systems konstant. Es findet daher eine periodische Umwandlung zwischen der potentiellen Energie der gespannten Feder und der kinetischen Energie des bewegten Körpers statt. Bild 8 veranschau-

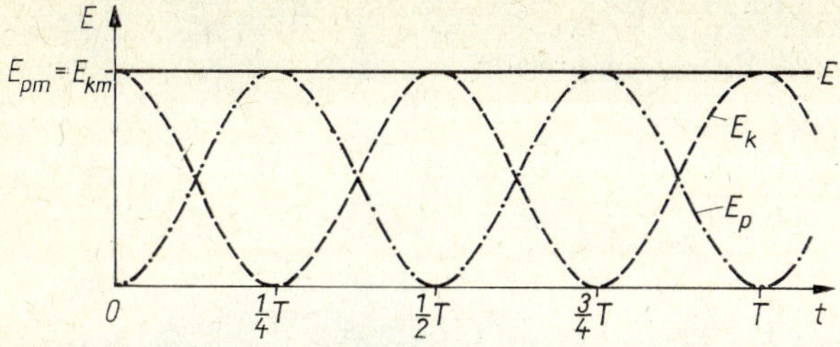

Bild 8

licht die Zeitabhängigkeit der *potentiellen Energie*

$$E_p = \frac{1}{2} k y^2 = \frac{1}{2} k y_m^2 \sin^2 \omega t = E_{pm} \sin^2 \omega t$$

und der *kinetischen Energie*

$$E_k = \frac{1}{2} m v_y^2 = \frac{1}{2} m v_m^2 \cos^2 \omega t = E_{km} \cos^2 \omega t.$$

Man erkennt, daß der Wechsel zwischen beiden Energieformen jeweils $T/4$ dauert. Zur Vereinfachung wurde hier der Nullphasenwinkel Null gesetzt.
Die mechanische Gesamtenergie kann sowohl durch den Maximalwert der potentiellen als auch der kinetischen Energie dargestellt werden:

$$E = E_{pm} = E_{km}.$$

Hieraus folgt weiter

$$\frac{1}{2} k y_m^2 = \frac{1}{2} m v_m^2,$$

$$v_m = \sqrt{\frac{k}{m}}\, y_m.$$

Der Vergleich mit der Beziehung für die Geschwindigkeitsamplitude (2.6)

$$v_m = \omega y_m$$

ergibt, daß die Eigenkreisfrequenz des Systems auch mit Hilfe der Energiebilanz bestimmbar ist. Das kann auch in anderen Fällen genutzt werden.

Beispiel 4

Für ein schwingendes Feder-Masse-System soll grafisch dargestellt werden, wie potentielle und kinetische Energie sowie die mechanische Gesamtenergie von der Elongation abhängen.

Lösung

Bild 9 zeigt das Energiediagramm.

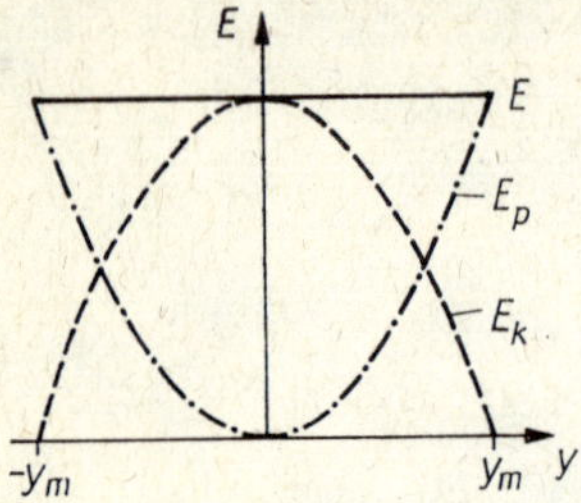

Bild 9

Der Graph für $E_p = \frac{1}{2} k y^2$ hat Parabelform.
Der Graph für E_g verläuft parallel zur y-Achse.
Der Graph für E_k entsteht durch Differenzbildung $E_k = E_g - E_p$.
Er geht aus dem Graph für E_p durch Spiegelung an der Geraden $E = E_{p,m}/2$ hervor.
Aus dem Beispiel ist zu erkennen:
Das schwingende System hält sich in einem »Tal« der potentiellen Energie auf. Deren Minimum entspricht der stabilen Gleichgewichtslage. Sie zu verlassen erfordert Energiezufuhr. Diese energetische Situation ist charakteristisch:
Wesentliches Merkmal schwingungsfähiger Systeme ist eine stabile Gleichgewichtslage. Die Schwingungen werden durch Störung dieses Gleichgewichts ausgelöst.

2.4. Zeigerdarstellung

Zwischen der harmonischen Schwingung und der Kreisbewegung besteht ein enger Zusammenhang, der im folgenden untersucht wird.

Versuch

Eine Kugel bewegt sich mit konstanter Winkelgeschwindigkeit auf einer Kreisbahn. Sie wird gemäß Bild 10 zusammen mit einem harmonischen Schwinger auf einen Schirm projiziert. Die Umlaufzeit der Kugel und die Periodendauer der Schwingung sowie der Kreisradius und die Amplitude der Schwingung sollen übereinstimmen. Dann kann erreicht werden, daß die beiden Projektionen ständig zusammenfallen.

Bild 10

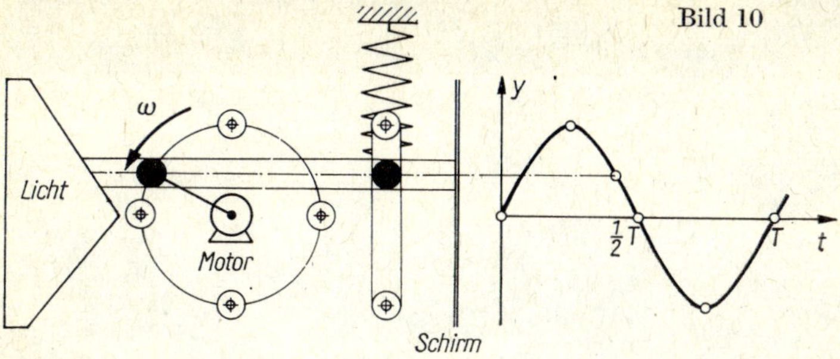

Ergebnis

Die harmonische Schwingung entspricht der Projektion einer gleichförmigen Kreisbewegung.

Das ist die Grundlage der Zeigerdarstellung:

Für harmonische Schwingungen und insbesondere sinusförmige Wechselströme und -spannungen werden Zeiger als Sinnbild eingeführt (Bild 11). Die Zeiger liegen in der x, y-Ebene, sie beginnen im Koordinatenursprung und rotieren gleichförmig im mathematisch positiven Drehsinn. Die Lage des Zeigers wird bildlich für einen beliebigen Zeitpunkt dargestellt; oft wählt man dafür den Zeitpunkt $t = 0$. Wenn Größen als Zeiger betrachtet werden sollen, ist das Formelzeichen zu unterstreichen.

Übersicht zu den Beziehungen zwischen Schwingung und Zeiger

Schwingung $y = y_m \sin(\omega t + \varphi)$	Zeiger $\underline{y}$
Amplitude	Betrag des Zeigers
Elongation	Ordinate der Zeigerspitze
Kreisfrequenz	Winkelgeschwindigkeit
Frequenz	Umlauffrequenz
Periodendauer	Umlaufzeit
Phase	Winkel zwischen Zeiger und x-Achse
Nullphase	Winkel zwischen Zeiger und x-Achse für $t = 0$.

Mit Hilfe der Zeigerdarstellung lassen sich Ort-Zeit-Diagramme entwickeln. Dabei werden Nullphasenwinkel sowie Phasen- und Amplitudenbeziehungen zwischen mehreren Schwingungen besonders anschaulich.

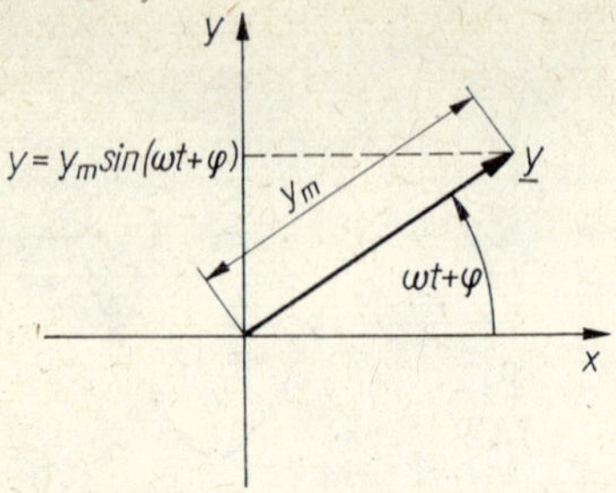

Bild 11

Beispiel 5

In das Zeigerdiagramm für die harmonische Schwingung $y = y_m \sin \omega t$ sind die Zeiger für die Geschwindigkeit und die Beschleunigung einzubeziehen.

Lösung

Die Geschwindigkeit

$$v_y = y_m \cos \omega t$$

kann auch in der Form

$$v_y = v_m \sin \left(\omega t + \frac{\pi}{2}\right)$$

angegeben werden.
Für die Beschleunigung

$$a_y = -y_m \omega^2 \sin \omega t$$

gilt entsprechend

$$a_y = a_m \sin (\omega t + \pi).$$

Die zugehörigen Zeiger sind in Bild 12 eingetragen. Die Längen wurden dabei beliebig festgelegt.

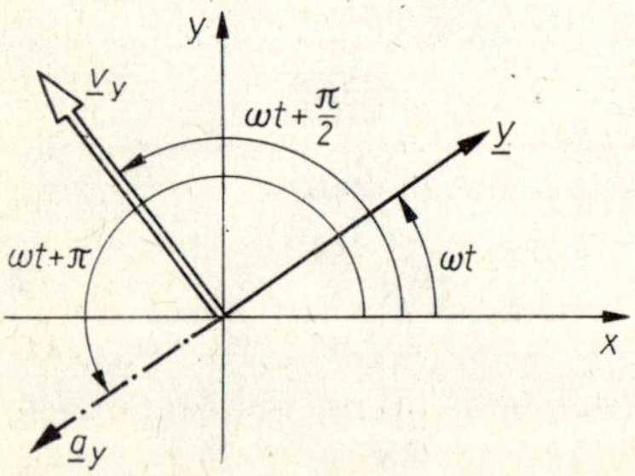

Bild 12

Zwischen den drei Zeigern besteht die gleiche Richtungsbeziehung wie zwischen den Vektoren für Ort, Geschwindigkeit und Beschleunigung bei der gleichförmigen Kreisbewegung.

2.5. Komplexe Darstellung

Die x, y-Ebene wird jetzt als GAUSSsche Zahlenebene betrachtet. Die Zeiger können unter dieser Voraussetzung als komplexe Größen dargestellt werden. Dadurch gelingt es, mathematische Operationen zu vereinfachen und zu formalisieren. In der Theorie der Wechselströme können z. B. durch Einführung komplexer Stromstärken, Spannungen und Widerstände wesentliche Gesetze des Gleichstromkreises übertragen werden.

Darstellung eines Zeigers in goniometrischer Form

Die Abszisse der Zeigerspitze bildet den Realteil, die Ordinate den Imaginärteil der komplexen Größe:

$$\underline{y} = y_{\mathrm{m}} \left[\cos\left(\omega t + \varphi\right) + \mathrm{j} \sin\left(\omega t + \varphi\right)\right].$$

Hierbei ist es üblich, die imaginäre Einheit mit j zu bezeichnen; $\mathrm{j}^2 = -1$.

Real- und Imaginärteil beschreiben einzeln den Verlauf der beiden Schwingungen, die den Projektionen der Spitze des rotierenden Zeigers auf die Achsen des Koordinatensystems entsprechen.

Darstellung eines Zeigers in Exponentialform

$$\underline{y} = y_{\mathrm{m}}\, \mathrm{e}^{\mathrm{j}(\omega t + \varphi)}.$$

Diese Form ist vorteilhaft, wenn Ableitungen nach der Zeit zu bilden sind:

$$\underline{\dot{y}} = y_{\mathrm{m}}\, \mathrm{e}^{\mathrm{j}(\omega t + \varphi)} \cdot \mathrm{j}\, \omega = \mathrm{j}\, \omega\, \underline{y}.$$

Die Differentiation nach der Zeit ist durch Multiplikation der komplexen Größe mit $\mathrm{j}\,\omega$ ausführbar.

Wegen $\mathrm{j} = \mathrm{e}^{\mathrm{j}\frac{\pi}{2}}$ folgt daraus weiter

$$\underline{\dot{y}} = y_{\mathrm{m}}\, \omega\, \mathrm{e}^{\mathrm{j}\left(\omega t + \varphi + \frac{\pi}{2}\right)}.$$

Die Multiplikation mit j führt zu einer Vergrößerung des Phasenwinkels um $\pi/2$. Dem entspricht eine Drehung des Zeigers um $\pi/2$ im mathematisch positiven Drehsinn.

$\underline{\dot{y}}$ ist der Geschwindigkeitszeiger. Seine Eigenschaften sind bereits aus Beispiel 5 bekannt und jetzt durch die komplexe Rechnung bestätigt worden.

Aufgaben

1. Ein Punkt der Membran eines Lautsprechers führt eine harmonische Schwingung aus. Die Frequenz beträgt 1000 Hz, die Amplitude 0,60 mm, die Nullphase $\pi/3$. Für diese Schwingung sind das Zeiger- und das Ort-Zeit-Diagramm zu zeichnen.
2. In einer Reinigungsanlage für Getreide führt ein Sieb vertikale harmonische Schwingungen mit der Amplitude 50 mm aus. Welche Frequenz muß überschritten werden, damit sich die Körner vom Sieb abheben?
3. Die Karosserie eines Kraftfahrzeugs hat die Masse 800 kg. Sie ist auf vier gleichen Schraubenfedern gelagert. Die Eigenfrequenz für vertikale Schwingungen dieses Systems soll 1,4 Hz betragen. Wie groß müssen die Federkonstanten sein?
4. Die Federkonstante aus Beispiel 1 ist mit Hilfe des Energieerhaltungssatzes zu bestimmen!
5. Weisen Sie nach, daß die potentielle Energie des Schwingers aus Beispiel 2 in der Gleichgewichtslage ein Minimum besitzt!
6. Entwickeln Sie aus dem Energieerhaltungssatz für ein Feder-Masse-System durch Integration nach Trennung der Variablen y und t das Ort-Zeit-Gesetz!
7. Eine harmonische Schwingung soll für $\varphi = 0$ in einem Diagramm dargestellt werden, bei dem als Abszisse die Ortskoordinate und als Ordinate der Impuls des Schwingers abgetragen wird.
   Untersuchen Sie, welcher Graph in diesem sogenannten Phasendiagramm entsteht!

3. Mechanische Systeme mit einer Eigenschwingung

3.1. Schwinger mit elastischer Bindung

3.1.1. Translationsschwinger

Das bereits behandelte Feder-Masse-System ist als Prototyp des Translationsschwingers mit elastischer Bindung an eine Gleichgewichtslage zu betrachten. Die Feder kann jedoch auf verschiedenartige Weise durch andere elastische Körper ersetzt werden. An die Stelle der Federkonstanten tritt hierbei die

Richtgröße

$$k = -\frac{F_y}{y}. \tag{3.1}$$

Diese kann experimentell bestimmt oder aus den Abmessungen und den Materialeigenschaften des elastischen Körpers berechnet werden.
Die beim Feder-Masse-System gewonnenen Ergebnisse sind übertragbar, wenn das lineare Kraftgesetz gültig ist und die Masse des elastischen Körpers vernachlässigt werden kann.

Beispiel 6

Ein Motor ($m = 250$ kg) steht in der Mitte auf zwei parallelen waagerechten I-Trägern. Diese sind an beiden Enden gelenkig gelagert und haben folgende Eigenschaften:
Stützweite $l = 2{,}00$ m, Masse pro Länge $m/l = 11{,}2$ kg/m,
Flächenträgheitsmoment für die Biegeachse $I = 21{,}4$ cm^4,
Elastizitätsmodul $E = 2{,}1 \cdot 10^{11}$ N/m^2.
Die Richtgröße eines Trägers ist zu berechnen;
die Frequenz der Eigenschwingungen des Motors auf der elastischen Unterlage ist abzuschätzen.

Lösung

Die Masse der Träger beträgt

$$m_T = 2 \cdot 11{,}2 \text{ kg m}^{-1} \cdot 2 \text{ m} = 44{,}8 \text{ kg}.$$

Damit erscheint es noch vertretbar, in einer Näherungsrechnung die Masse der Träger gegenüber der Motormasse zu vernachlässigen.
Für die Durchbiegung s eines Trägers durch die Kraft F gilt unter den angegebenen Voraussetzungen

$$s = \frac{l^3 F}{48 E I} .$$

Daraus folgt die Richtgröße des Trägers

$$k_0 = \frac{F}{s} = \frac{48 E I}{l^3} ,$$

$$k_0 = 0{,}27 \text{ MN/m}.$$

In der Gleichung für die Eigenfrequenz ist die Richtgröße $k = 2\,k_0$ einzusetzen:

$$f = \frac{1}{2\pi} \sqrt{\frac{2\,k_0}{m}} ,$$

$$f = 7{,}4 \text{ Hz}.$$

Zur Abschätzung des Fehlers werden die Trägermassen zur Motormasse addiert. Das führt zur Frequenz 6,8 Hz. Das Ergebnis ist somit brauchbar.

Beispiel 7

Das Zugseil einer Standseilbahn besteht aus Stahl (Elastizitätsmodul $2{,}1 \cdot 10^{11}$ N/m²) und ist $l = 2000$ m lang. Die Summe der Drahtquerschnitte beträgt $A = 12$ cm².
Gegen Ende der Talfahrt beim Bremsen beginnt die Kabine mit der Periodendauer $T = 2{,}5$ s zu schwingen.
Unter Vernachlässigung der Reibung und der Masse des Seils ist die Masse der Kabine zu bestimmen.

Lösung

Mit der Beziehung zwischen Dehnung und Spannung

$$\frac{\Delta l}{l} = \frac{F}{E A}$$

gewinnt man die Richtgröße des Seils

$$k = \frac{F}{\Delta l} = \frac{E A}{l} .$$

Dieser Ausdruck wird in die Gleichung für die Periodendauer der harmonischen Schwingung (2.10) eingesetzt. Durch Umformen erhält man

$$m = \frac{T^2 E A}{4 \pi^2 l},$$

$$m = 20 \text{ t}.$$

Die Masse des Seils beträgt demgegenüber etwa 18 t. Sie zu vernachlässigen erscheint nicht mehr zulässig. Man rechnet 1/3 der Seilmasse zur Schwingermasse, damit beträgt die Kabinenmasse etwa 14 t.

3.1.2. Rotationsschwinger

Der wichtigste elastische Rotationsschwinger (Drehschwinger) ist zweifellos die Unruh mechanischer Uhren (Bild 13). Dieses System besteht aus Spiralfeder und Schwungrad. Bei der Analyse können Analogien genutzt werden, die in der folgenden Tabelle zusammengestellt sind.
Es entsprechen einander

Translation			Rotation		
Größe	Formelzeichen	Einheit	Größe	Formelzeichen	Einheit
Elongation	y	m	Drehwinkel	ε	rad
Geschwindigkeit	$v_y = \dot{y}$	m/s	Winkelgeschwindigkeit	$\dot{\varepsilon}$	rad/s
Beschleunigung	$a_y = \ddot{y}$	m/s²	Winkelbeschleunigung	$\ddot{\varepsilon}$	rad/s²
Masse	m	kg	Massenträgheitsmoment	J	kg m²
Kraft	F	N	Drehmoment (Kraftmoment)	M	N m
Richtgröße	k	N/m	Winkelrichtgröße	D	N m/rad

Wenn sich das Schwungrad außerhalb der Gleichgewichtslage befindet, liefert die Spiralfeder ein rückstellendes Drehmoment, das dem Drehwinkel ε proportional ist:

$$M = -D \varepsilon. \qquad (3.2)$$

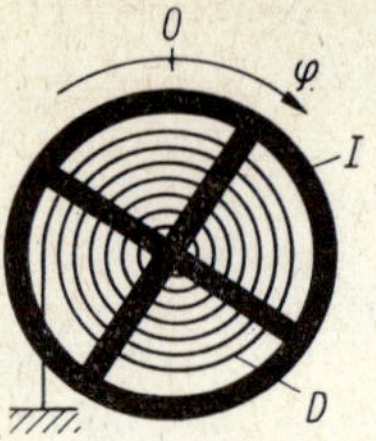

Bild 13

Die Bewegungsgleichung für das System lautet damit

$$J\,\ddot{\varepsilon} + D\,\varepsilon = 0. \tag{3.3}$$

Hier liegt wiederum die gleiche mathematische Struktur vor wie bei der Bewegungsgleichung (2.1) des Feder-Masse-Systems. Als Lösungsfunktion erhält man das Drehwinkel-Zeit-Gesetz

$$\varepsilon = \varepsilon_{\mathrm{m}} \sin(\omega\, t + \varphi) \tag{3.4}$$

mit der Eigenkreisfrequenz

$$\omega = \sqrt{\frac{D}{J}} \tag{3.5}$$

und der Periodendauer

$$T = 2\,\pi \sqrt{\frac{J}{D}}\,. \tag{3.6}$$

Das rückstellende Moment für Drehschwinger wird oftmals auch von einem elastisch verdrillten zylindrischen Stab oder Draht geliefert. Für die Winkelrichtgröße gilt in solchen Fällen

$$D = \frac{\pi\, G\, d^4}{32\, l}$$

d Durchmesser des Stabes (Drahtes)
l Länge des Stabes
G Schubmodul des Stabmaterials.

Beispiel 8

Bei der Schwingung der Unruh eines Weckers werden in einer Minute $z_0 = 120$ Perioden gezählt. Im Abstand 8,5 mm von der vertikalen Drehachse wird auf das Schwungrad ein kleiner Körper mit der Masse 160 mg gesetzt. Danach laufen in der gleichen Zeit nur noch $z_1 = 112$ Perioden ab.
Das Trägheitsmoment des Zusatzkörpers, des Schwungrades und die Winkelrichtgröße der Spiralfeder sind zu bestimmen.

Lösung

Der als Massenpunkt betrachtete Zusatzkörper liefert das Trägheitsmoment

$$J_z = m\,r^2,$$

$$J_z = 11{,}6\ \text{g mm}^2.$$

Die Frequenzen der beiden Schwingungen betragen $f_0 = z_0/\Delta\, t$ und $f_1 = z_1/\Delta\, t$ mit $\Delta\, t = 1$ min.
Die Gleichungen für die Frequenzen

$$f_0 = \frac{1}{2\pi}\sqrt{\frac{D}{J}}\,,$$

$$f_1 = \frac{1}{2\pi}\sqrt{\frac{D}{J + J_z}}$$

werden quadriert. Danach wird seitenweise dividiert, um D zu eliminieren:

$$\left(\frac{f_0}{f_1}\right)^2 = \frac{J + J_z}{J}\,.$$

Hierbei gilt $f_0/f_1 = z_0/z_1$. Durch weiteres Umformen erhält man

$$J = \frac{J_z}{\left(\frac{z_0}{z_1}\right)^2 - 1}\,,$$

$$J = 6{,}8\,J_z = 79\ \text{g mm}^2.$$

Die Winkelrichtgröße ergibt sich aus der Gleichung für f_0:

$$D = 4\,\pi^2 f_0^2\,J,$$

$$D = 4\,\pi^2\,(z_0/\Delta\, t)^2\,J,$$

$$D = 12{,}5\ \text{mN mm/rad}.$$

3.2. Schwerependel

3.2.1. Mathematisches Pendel

Ein Fadenpendel wird von einem Körper gebildet, der an einem hinreichend leichten und langen Faden oder Seil hängt und unter dem Einfluß des Schwerefeldes schwingt. Aus diesem realen System ist das Modell mathematisches Pendel hervorgegangen. Bei diesem werden folgende Eigenschaften vorausgesetzt:

- Der Körper wird als Massenpunkt betrachtet,
- der Faden ist masselos, undehnbar und hat keine Biegesteife,
- das System ist reibungsfrei,
- bei Pendelausschlägen über 90° denkt man sich den Faden durch einen masselosen Stab ersetzt, der im Aufhängepunkt drehbar gelagert ist.

Hier sollen nur Schwingungen des mathematischen Pendels in einer vertikalen Ebene behandelt werden. Wenn das Pendel die Gleichgewichtslage verläßt, wirkt die zur Kreisbahn parallele Komponente der Gewichtskraft als Rückstellkraft (Bild 14):

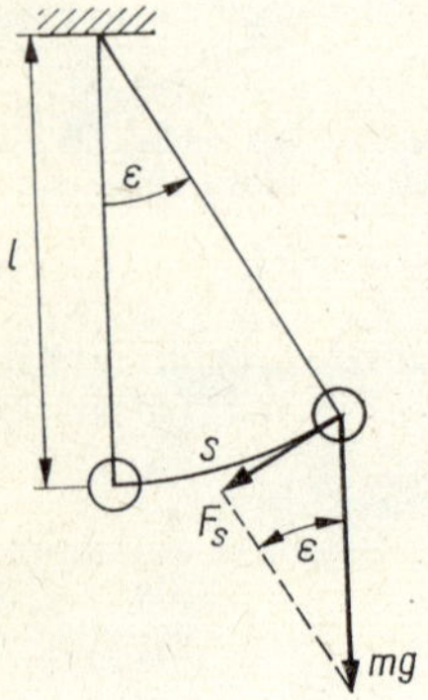

Bild 14

$$F_s = -m\,g \sin \varepsilon .$$

Bei kleinen Winkeln gilt

$$\sin \varepsilon = \varepsilon = \frac{s}{l} .$$

Welche Winkel noch als »klein« anzusehen sind, hängt von der geforderten Genauigkeit ab:

$\frac{\varepsilon}{\text{Grad}}$	$\frac{\varepsilon}{\text{rad}}$	$\sin \varepsilon$	$\frac{(\varepsilon - \sin \varepsilon)/\varepsilon}{\%}$
1	0,0174532	0,0174524	0,005
5	0,087266	0,087156	0,13
10	0,1745	0,1736	0,5
20	0,3491	0,3420	2

Für kleine Ausschläge des Pendels gilt somit ein lineares Kraftgesetz wie bei elastischen Verformungen

$$F_s = -\frac{m g s}{l}.$$

Der Koeffizient $m g/l$ ist die Richtgröße. Damit erhält man die Periodendauer des mathematischen Pendels

$$T = 2\pi \sqrt{\frac{l}{g}}. \tag{3.7}$$

Diese Gleichung ist auch für Fadenpendel anwendbar, deren Eigenschaften denen eines mathematischen Pendels nahekommen.

Beispiel 9

Ein Fadenpendel schwingt bei kleinen Ausschlägen mit der Periodendauer $T_1 = 2{,}54$ s. Es wird um $\Delta l = 600$ mm verkürzt. Danach beträgt die Periodendauer $T_2 = 2{,}01$ s.
Welcher Wert der Fallbeschleunigung folgt aus diesen Meßergebnissen?

Lösung

Die Werte T_1 und T_2 führen über die Gleichung für die Periodendauer (3.7) zunächst zu den Längen l_1 und l_2 des Pendels vor und nach der Verkürzung:

$$l_1 = \frac{g}{4\pi^2} T_1^2,$$

$$l_2 = \frac{g}{4\pi^2} T_2^2.$$

Durch seitenweise Subtraktion dieser Gleichungen erhält man

$$\Delta l = \frac{g}{4\pi^2}(T_1^2 - T_2^2),$$

$$\underline{\underline{g = \frac{4\pi^2 \Delta l}{T_1^2 - T_2^2}}},$$

$$\underline{\underline{g = 9{,}82\ \text{m/s}^2}}.$$

Das beschriebene Verfahren hat den Vorteil, daß auf die Messung der Pendellänge, die für Fadenpendel nicht präzise definiert wurde, verzichtet werden kann.

3.2.2. Physisches Pendel

Als physisches (oder auch physikalisches) Pendel wird ein starrer Körper bezeichnet, der drehbar um einen festen Punkt oder eine feste Achse gelagert ist und unter dem Einfluß der Schwerkraft Drehschwingungen ausführt. Damit sich der Körper nicht im indifferenten Gleichgewicht befindet, darf die Achse nicht vertikal und auch nicht durch den Schwerpunkt (Massenmittelpunkt) verlaufen. Im folgenden wird eine waagerechte Drehachse vorausgesetzt; Reibung wird vernachlässigt.

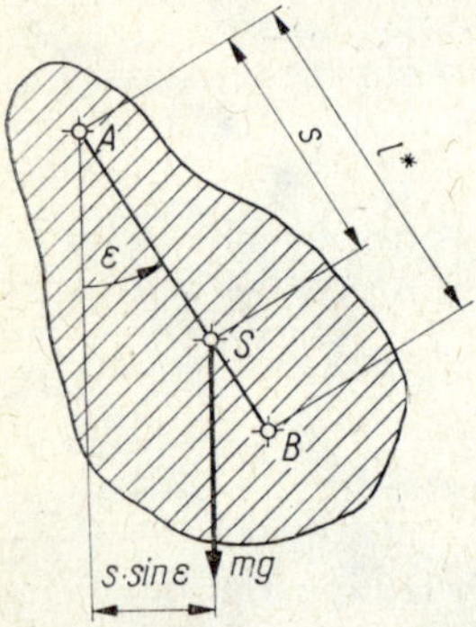

Bild 15

Bild 15 zeigt den Schnitt eines Pendelkörpers senkrecht zur Achse durch den Schwerpunkt S. Die Drehachse verläuft durch A. Das Pendel ist um den Winkel ε aus der Gleichgewichtslage gedreht. Die Wirkungslinie der Gewichtskraft F_G hat von der Achse den Abstand $s \sin \varepsilon$. Damit entsteht das rückstellende Drehmoment

$$M = -m g s \sin \varepsilon.$$

Die Bewegungsgleichung des physischen Pendels lautet

$$J_A \ddot{\varepsilon} = -m g s \sin \varepsilon.$$

J_A ist das Massenträgheitsmoment des Pendelkörpers in bezug auf die Drehachse.
Die Bewegungsgleichung wird wie beim mathematischen Pendel für kleine Winkelausschläge mit $\sin \varepsilon = \varepsilon$ linear:

$$J_A \ddot{\varepsilon} = -m g s \varepsilon.$$

Aus dem Vergleich mit der Bewegungsgleichung des Drehschwingers (3.3) geht hervor:

$m\,g\,s$ ist die Winkelrichtgröße; die Periodendauer der Schwingungen des physischen Pendels beträgt

$$T = 2\,\pi \sqrt{\frac{J_A}{m\,g\,s}}\,. \qquad (3.8)$$

Die Länge l^* eines mathematischen Pendels mit gleicher Periodendauer wird als *reduzierte Pendellänge* des physischen Pendels bezeichnet.

Durch Gleichsetzen der Radikanden in (3.7) und (3.8) findet man

$$l^* = \frac{J_A}{m\,s}\,.$$

Der Punkt B (Bild 15) auf der Verbindungsgeraden AS im Abstand l^* von A wird Schwingungsmittelpunkt genannt. Dort könnte man zusätzlich einen Massenpunkt anbringen, ohne damit die Periodendauer des Pendels zu verändern.

Das Trägheitsmoment J_A kann nach dem Satz von STEINER durch das Trägheitsmoment J_S ausgedrückt werden. Dieses besitzt der Pendelkörper in bezug auf eine Achse durch S, die parallel zur Drehachse durch A verläuft:

$$J_A = J_S + m\,s^2.$$

Damit gelten die veränderten Gleichungen

$$T = 2\,\pi \sqrt{\frac{1}{g}\left(\frac{J_S}{m\,s} + s\right)}\,,$$

$$l^* = \frac{J_S}{m\,s} + s.$$

Beispiel 10

Für ein PKW-Rad soll das Trägheitsmoment in bezug auf seine Rotationsachse bestimmt werden. Dazu läßt man das Rad als physisches Pendel schwingen. Die waagerechte Pendelachse verläuft im Abstand 140 mm parallel zur Radachse. Die Periodendauer beträgt 1,33 s, die Masse des Rades 11 kg.

Lösung

Da die Radachse den Schwerpunkt enthält, gilt $s = 140$ mm. Aus der zweiten Gleichung für die Periodendauer folgt

$$\underline{\underline{J_S = m\,s\left(\frac{g\,T^2}{4\,\pi^2} - s\right)}},$$

$$\underline{\underline{J_S = 0{,}46 \text{ kg m}^2.}}$$

Zum Vergleich: Eine homogene Zylinderscheibe mit der gleichen Masse und dem Durchmesser des Rades 56 cm hat das gleiche Trägheitsmoment.

Beispiel 11

Auf einem dünnen Stab werden im Abstand 600 mm zwei Körper mit den Massen $m_1 = 100$ g und $m_2 = 200$ g befestigt. Dieses System wird als physisches Pendel gelagert. Die Achse liegt senkrecht zum Stab. Sie wird schrittweise verschoben. Die Abhängigkeit der reduzierten Pendellänge von der Lage der Achse ist anhand eines Diagramms zu diskutieren. Dabei sind die Körper als Massenpunkte und der Stab als masselos zu betrachten.

Lösung

Der Schwerpunkt des Systems liegt auf dem Stab, $r_1 = 0{,}4$ m von m_1 und $r_2 = 0{,}2$ m von m_2 entfernt. Damit erhält man

$$J_S = m_1 r_1^2 + m_2 r_2^2 = 0{,}024 \text{ kg m}^2,$$

$$l^* = \frac{J_S}{m\,s} + s = \frac{0{,}024 \text{ kg m}^2}{0{,}3 \text{ kg } s} + s,$$

$$l^* = \frac{0{,}08 \text{ m}^2}{s} + s,$$

$$l^*/\text{m} = \frac{0{,}08}{s/\text{m}} + s/\text{m}.$$

Bild 16

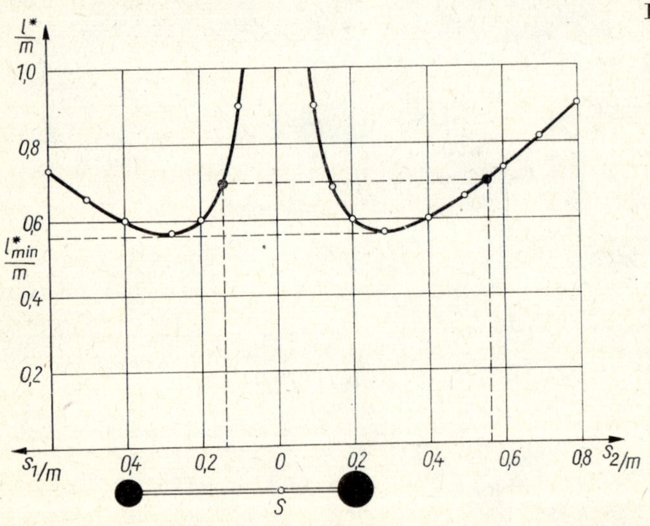

Bild 16 zeigt das geforderte Diagramm. Da der Schwerpunktabstand s als positive Größe erklärt ist, wird die Lage der Achse durch s_1 und s_2 beschrieben.
Diskussion:

a) Für $s_{1,2} \to 0$ gilt $l^* \to \infty$. Das ist die Folge des indifferenten Gleichgewichts bei der Lagerung im Schwerpunkt.
b) Es gibt zwei Minima der reduzierten Pendellänge für $s_{1,\min} = s_{2,\min} = 0{,}282$ m. In deren Umgebung wirken sich Verschiebungen der Achse nur sehr wenig auf die Periodendauer aus. Ein solches »Minimalpendel« wird darum auch Ausgleichspendel genannt.
c) Die gleiche reduzierte Pendellänge und damit auch gleiche Periodendauer läßt sich außerhalb der Extremstelle mit zwei Wertepaaren s_1 und s_2 erreichen.

Im Diagramm sind folgende Werte herausgehoben:
$s_1 = 0{,}144$ m, $s_2 = 0{,}556$ m und das zugehörige $l^* = 0{,}700$ m. Der hier erkennbare Zusammenhang $s_1 + s_2 = l^*$ gilt allgemein: Durch Umformen der Gleichung für l^* gelangt man zu

$$s^2 - l^* s + \frac{J_S}{m} = 0.$$

Aus dieser quadratischen Gleichung für s erhält man zu jedem Wert l^* i. allg. zwei verschiedene Lösungen. Aus dem Satz von Vieta folgt für diese

$$s_1 + s_2 = l^*.$$

Das ist die Grundlage des *Reversionspendels*. Bei einem solchen Pendel ist die Periodendauer für zwei parallele Achsen gleich; der Abstand beider Achsen ist deshalb die reduzierte Pendellänge.

3.2.3. Pendel mit großen Ausschlägen

Bei großen Ausschlägen sind die Bewegungsgleichungen für mathematische und physische Pendel nicht mehr linear. Deshalb entstehen *anharmonische Schwingungen*. Diese sind nicht mehr isochron; ihre Periodendauer wächst mit der Winkelamplitude. Bei genügend großer Energiezufuhr kommen »Überschläge« zustande, ungleichförmige Drehbewegungen, bei denen sich die Drehrichtung nicht mehr umkehrt.
Mit mathematischen Hilfsmitteln, die hier nicht zur Verfügung stehen, kann für die Periodendauer eine Reihe entwickelt

werden:

$$T = T_0\left[1 + \left(\frac{1}{2}\right)^2 \sin^2\frac{\varepsilon}{2} + \left(\frac{1\cdot 3}{2\cdot 4}\right)^2 \sin^4\frac{\varepsilon}{2} + \left(\frac{1\cdot 3\cdot 5}{2\cdot 4\cdot 6}\right)^2 \sin^6\frac{\varepsilon}{2} + \cdots\right]$$

Die folgende Tabelle ist auf dieser Grundlage berechnet worden. Man erkennt, daß selbst bei einem Winkelausschlag von $\varepsilon = 30°$ die Periodendauer nur um rund 2 % gegenüber dem Wert T_0 für kleine Ausschläge zugenommen hat.

$\frac{\varepsilon}{°}$	$\frac{T}{T_0}$
5	1,000 476
10	1,001 91
30	1,017 4
90	1,180
120	1,373
150	1,762
175	2,88

3.3. Anwendungsbeispiele

Die Vielfalt der linearen schwingungsfähigen Systeme ist sehr groß und nicht auf den Bereich der Mechanik beschränkt. Durch eine Auswahl von Beispielen soll verdeutlicht werden, daß die Methoden, die am Feder-Masse-System entwickelt worden sind, auf sehr verschiedene physikalische Inhalte angewendet werden können. Als Kernproblem erweist sich in den meisten Fällen das Auffinden des Kraftgesetzes.

Beispiel 12

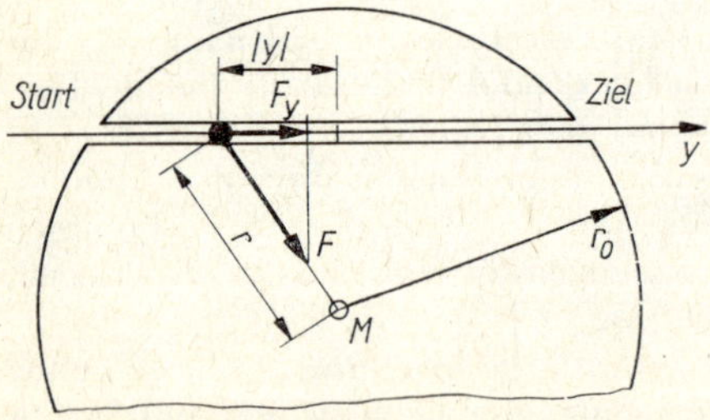

Bild 17

Die Schwerkraft ist innerhalb des Erdkörpers proportional dem Abstand vom Erdmittelpunkt, wenn die Erde als homogene Kugel betrachtet wird. Diese »innere« Schwerkraft soll für einen utopischen Schnellverkehr genutzt werden. Dazu wird zwischen Start- und Zielort ein geradliniger Tunnel gebohrt (Bild 17). Wie lange würde die Fahrt ohne Antriebsaggregat dauern?

Lösung

Die »innere« Schwerkraft $F = k\,r$ erreicht an der Erdoberfläche ($r = r_0 = 6370$ km) den Wert der Gewichtskraft $m\,g$. Daraus folgt

$$m\,g = k\,r_0,$$

$$k = \frac{m\,g}{r_0}.$$

Bei der Bewegung im Tunnel wirkt die Kraftkomponente F_y als Rückstellkraft.
Aus Bild 17 ist abzulesen:

$$\frac{F_y}{|y|} = \frac{F}{r} = \frac{m\,g}{r_0}.$$

Das Fahrzeug unterliegt somit einer quasielastischen Kraft mit der Richtgröße $m\,g/r_0$. Die Fahrt ist eine harmonische Schwingung. Die Fahrzeit ist eine halbe Periodendauer

$$t_F = \frac{T}{2} = \pi \sqrt{\frac{r_0}{g}},$$

$$t_F = 2{,}53 \cdot 10^3\ \text{s} = 42{,}2\ \text{min}.$$

Sie ist unabhängig von der Lage des Start- und Zielpunktes und somit auch von der Fahrstrecke.
Es sei noch vermerkt, daß die Periodendauer mit der Umlaufzeit eines Satelliten übereinstimmt, der die Erde mit der 1. kosmischen Geschwindigkeit umkreist.

Beispiel 13

Auf zwei parallelen, gegensinnig rotierenden Walzen liegt ein Brett. Wie bewegt es sich unter dem Einfluß der Gleitreibung?

Lösung

Das System ist in Bild 18 dargestellt. Aus der Gleichgewichtsbedingung für die Drehmomente in bezug auf A und B gewinnt man die Auflagerkräfte

$$F_A = \frac{m\,g\,(l - y)}{2\,l}, \qquad F_B = \frac{m\,g\,(l + y)}{2\,l}.$$

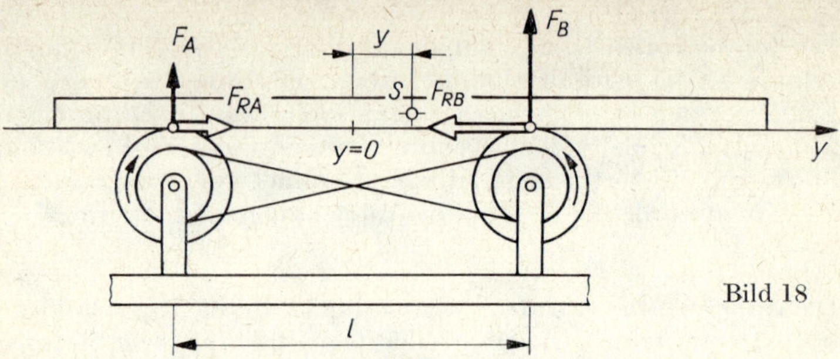

Bild 18

Daraus folgen die Reibungskräfte

$$F_{RA} = \mu F_A, \quad F_{RB} = \mu F_B.$$

Auf das Brett wirkt die resultierende Kraft

$$\begin{aligned} F_y &= F_{RA} - F_{RB} \\ &= \frac{\mu m g}{2 l} [(l - y) - (l + y)] \\ &= -\frac{\mu m g}{l} y. \end{aligned}$$

Aus dem linearen Kraftgesetz geht hervor, daß das Brett eine harmonische Schwingung ausführt. Mit der Richtgröße $k = \frac{\mu m g}{l}$ erhält man die Periodendauer

$$T = 2 \pi \sqrt{\frac{l}{\mu g}}.$$

Bei dieser Entwicklung wurde ausgeschlossen, daß die Relativgeschwindigkeit zwischen Brett und Walzen Null wird und Haftreibung einsetzen kann.

Beispiel 14

Das Wiechert-Pendel wurde früher in der Seismik verwendet. Bild 19 zeigt eine vereinfachte Form. Die Masse des Pendelkörpers betrage 1200 kg, der Abstand zur Achse 1000 mm.

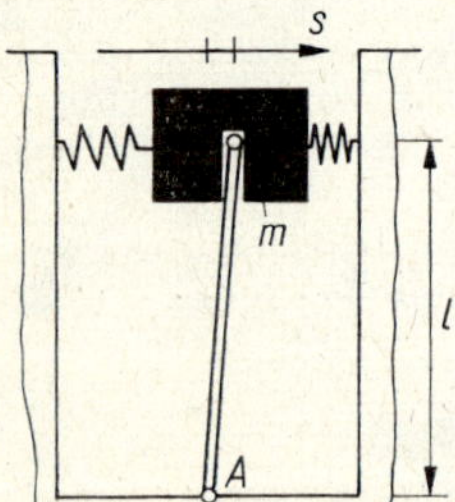

Bild 19

Wie groß müssen die Federkonstanten mindestens sein?
Bei welcher Federkonstanten beträgt die Periodendauer 10 s?

Lösung

Es werden kleine Elongationen s vorausgesetzt; der Körper wird als Massenpunkt betrachtet. In diesem Falle kann der Einfluß der Schwerkraft mit dem Kraftgesetz des mathematischen Pendels (↗ 3.2.1.) beschrieben werden. Jedoch handelt es sich hier um eine von der Gleichgewichtslage wegtreibende Kraft. Die beiden Federkräfte wirken rückstellend. Für die resultierende Kraft gilt

$$F_S = \frac{m g s}{l} - 2 k s,$$

$$F_S = -\left(2 k - \frac{m g}{l}\right) s = - k_w s.$$

Diese Kraft verschwindet für

$$k = k_0 = \frac{m g}{2 l}$$

$$k_0 = 5{,}89 \text{ kN/m}.$$

Nur für $k > k_0$ existiert an der Stelle $s = 0$ eine stabile Gleichgewichtslage.
Für die Richtgröße des Systems folgt aus der gegebenen Periodendauer

$$k_w = \frac{4 \pi^2 m}{T^2}.$$

Durch Gleichsetzen mit dem obigen Klammerausdruck erhält man

$$k = \frac{4 \pi^2 m}{2 T^2} + \frac{m g}{2 l}$$

$$k = 6{,}13 \cdot 10^3 \text{ N/m}.$$

Beispiel 15

In einem U-Rohr mit vertikalen Schenkeln befindet sich eine Flüssigkeitssäule der Länge l. Durch die Verschiebung der Flüssigkeitsspiegel werden Eigenschwingungen angeregt. Unter Vernachlässigung der Reibung ist die Frequenz zu bestimmen.

Lösung

Das Problem soll über eine Energiebilanz aufgeschlossen werden. Durch die Störung des Gleichgewichts vergrößert sich die poten-

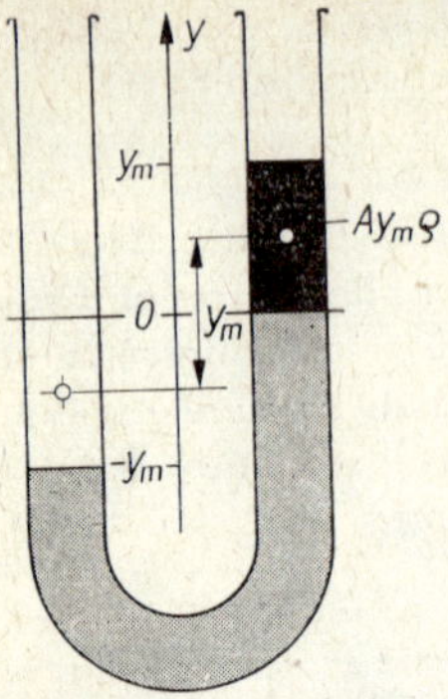

Bild 20

tielle Energie der Flüssigkeit. Man kann sich vorstellen, daß links ein Abschnitt der Säule entnommen und rechts hinzugefügt wird (Bild 20). Die Masse $m = A\, y_m\, \varrho$ ist dabei um y_m gehoben worden. Daraus folgt

$$E_{pm} = m\, g\, y_m = A\, \varrho\, g\, y_m^2.$$

Die maximale kinetische Energie ist erreicht, wenn sich die gesamte Flüssigkeitsmasse $m_{ges} = A\, l\, \varrho$ beim Gang durch die Gleichgewichtslage mit der Geschwindigkeitsamplitude v_m bewegt.

$$E_{km} = \frac{1}{2} A\, l\, \varrho\, v_m^2.$$

Gleichsetzen beider Maximalwerte führt zu

$$y_m = \frac{l}{2g}\, v_m.$$

Diese Verknüpfung von y_m und v_m ist für harmonische Schwingungen charakteristisch (2.6). Der Koeffizient ist die Eigenkreisfrequenz des Systems. Für die Eigenfrequenz gilt somit

$$f = \frac{1}{2\pi}\sqrt{\frac{l}{2g}}\,.$$

Es ist bemerkenswert, daß sie von der Dichte der Flüssigkeit nicht abhängt.

Beispiel 16

Ein quaderförmiger Körper, der sich auf einer Flüssigkeit in stabiler Schwimmlage befindet, wird zu vertikalen Schwingungen angeregt. Die Periodendauer ist zu bestimmen.

Lösung

In der Gleichgewichtslage haben Gewichtskraft und Auftriebskraft den gleichen Betrag. Wenn der Körper tiefer eintaucht, entsteht ein zusätzlicher Auftrieb als Rückstellkraft. Oberhalb der Gleichgewichtslage ist der Auftrieb entsprechend kleiner.

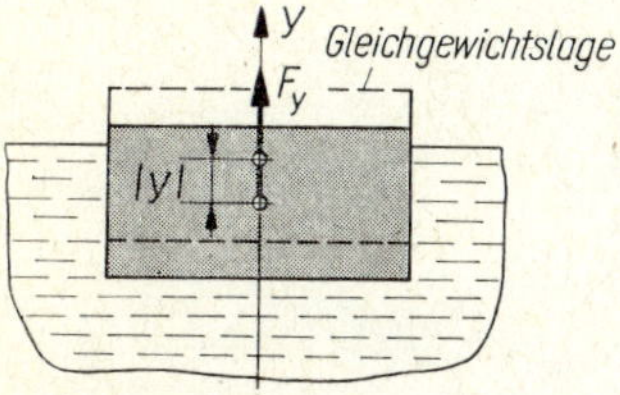

Bild 21

Es gilt gemäß Bild 21

$$F_y = \Delta F_A = -A \varrho g y.$$

A ist die Querschnittsfläche auf der Wasserlinie. Hier ist wieder das lineare Kraftgesetz mit der Richtgröße $k = A \varrho g$ zu erkennen. Für die Periodendauer erhält man damit

$$T = 2\pi \sqrt{\frac{m}{A \varrho g}}.$$

Wenn sich A mit der Tauchtiefe ändert, ist das Kraftgesetz nicht mehr linear. Dadurch entstehen anharmonische Schwingungen. Diese sind z.B. bei einer kugelförmigen Boje oder bei schwimmenden Bällen zu beobachten.

Beispiel 17

Eine Magnetnadel hat die Form eines dünnen Stabes mit der Länge $l = 50$ mm und der Masse $m = 2{,}3$ g. Unter dem Einfluß des Magnetfeldes der Erde führt die Nadel um ihre vertikale Achse kleine Schwingungen mit der Periodendauer $T_0 = 0{,}87$ s aus. Wenn das Magnetfeld einer Spule mit der Feldstärke $H_s = 20$ A/m in gleicher Richtung überlagert wird, verkleinert sich die Periodendauer auf $T_1 = 0{,}58$ s. Das Trägheitsmoment der Nadel, die Horizontalkomponente des magnetischen Feldes der Erde und das magnetische Moment der Nadel sind zu bestimmen.

Lösung

Die Magnetnadel hat in bezug auf ihre Drehachse das Trägheitsmoment

$$J = \frac{m\, l^2}{12} = 4{,}8 \cdot 10^{-7}\ \text{kg m}^2.$$

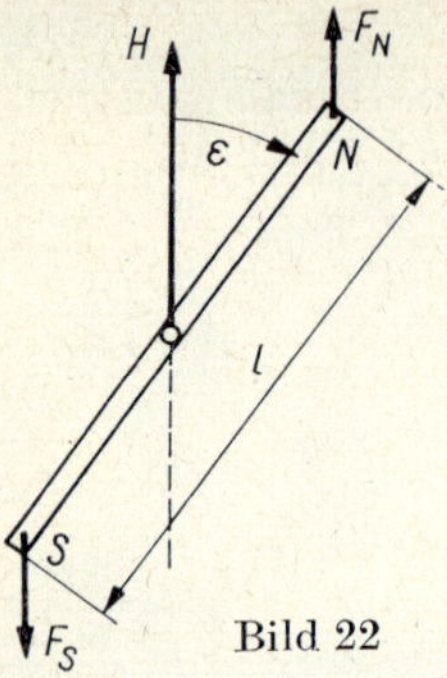

Bild 22

Wegen ihres magnetischen Moments m_{magn} wirkt auf die Nadel im homogenen Magnetfeld der Stärke H das rückstellende Drehmoment (Bild 22)

$$M = -m_{\text{magn}} H \sin \varepsilon .$$

Für kleine Auslenkungen ε handelt es sich wegen $\sin \varepsilon = \varepsilon$ um ein quasielastisches Drehmoment mit der Winkelrichtgröße

$$D = m_{\text{magn}} H .$$

Für die beiden Werte der Periodendauer gilt daher

$$T_0 = 2\pi \sqrt{\frac{J}{m_{\text{magn}} H_{\text{E}}}}, \qquad T_1 = 2\pi \sqrt{\frac{J}{m_{\text{magn}} (H_{\text{E}} + H_{\text{s}})}} .$$

Aus diesen beiden Gleichungen folgt durch Eliminieren von m_{magn}

$$H_{\text{E}} = \frac{H_{\text{s}}}{\dfrac{T_0^2}{T_1^2} - 1}$$

$$H_{\text{E}} = 16 \text{ A/m}.$$

Damit erhält man aus der Gleichung für T_0

$$m_{\text{magn}} = \frac{4\pi^2}{T_0^2} \frac{J}{H_{\text{E}}} ,$$

$$m_{\text{magn}} = 1{,}6 \cdot 10^{-6} \text{ Vs m} = 1{,}6 \; \mu \text{Wb m}.$$

Beispiel 18

Im H_2-Molekül haben die beiden Wasserstoffatome (Masse $m = 1{,}67 \cdot 10^{-27}$ kg) den Gleichgewichtsabstand 150 pm. Die Atome können angeregt werden, auf ihrer Verbindungsgera-

den gegeneinander Eigenschwingungen mit der Frequenz $1{,}32 \cdot 10^{14}$ Hz auszuführen. Jedes Atom hat in dieser homöopolaren Bindung ein Minimum der potentiellen Energie
$E_{\mathrm{p,\,min}} = -4{,}48$ eV.
Für ein solches Atom sind zu bestimmen
die Richtgröße und der Verlauf der potentiellen Energie in Abhängigkeit von der Elongation für die Umgebung des Minimums.

Lösung

Aus den gegebenen Größen erhält man als Richtgröße für das schwingende Atom

$$k = \omega^2 m,$$

$$k = 4\,\pi^2 f^2 m,$$

$$k = 1{,}15 \text{ kN/m}.$$

Während beim Feder-Masse-System die potentielle Energie in der Gleichgewichtslage Null war, gilt für das betrachtete Atom

$$E_{\mathrm{p}} = E_{\mathrm{p,\,min}} + \frac{1}{2}\,k\,y^2.$$

Für $y = \pm 10$ pm findet man

$$\frac{1}{2}\,k\,y^2 = 5{,}75 \cdot 10^{-20}\ \mathrm{W\,s} = 0{,}36 \text{ eV}.$$

Für $y = \pm 20$ pm vervierfacht sich dieser Wert.
Die Ergebnisse werden durch Bild 23 veranschaulicht.

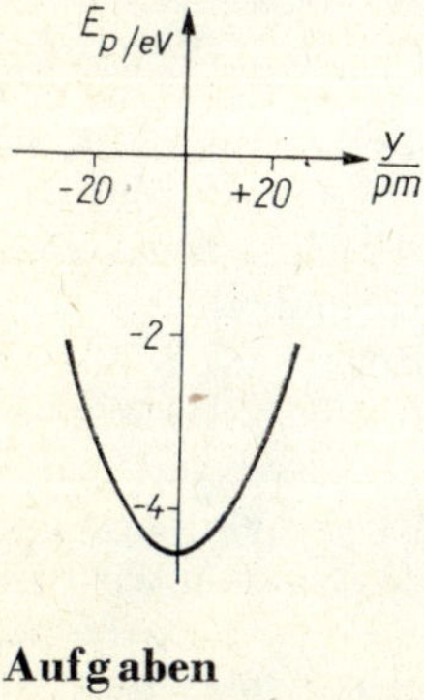

Bild 23

Aufgaben

8. Das Vorderrad eines Fahrrades beginnt beim Anheben wegen des Ventils zu schwingen. Mit sinnvollen Vereinfachungen ist eine Gleichung für die Periodendauer zu entwickeln.

9. Ein dünner Stab schwingt als physisches Pendel. Die Achse verläuft senkrecht zum Stab durch das eine Ende. Die Periodendauer beträgt 1,60 s.

1. Wie lang ist der Stab?
2. Bei welcher Lage der Achse schwingt der Stab mit gleicher Periodendauer?

10. Wie verändert sich die Periodendauer eines Pendels, wenn die Drehachse schräg liegt, so daß sie mit der Horizontalen den Winkel α bildet?

11. Das in Bild 24 skizzierte System führt in einer horizontalen Ebene Drehschwingungen aus. Die Frequenz ist zu berechnen.

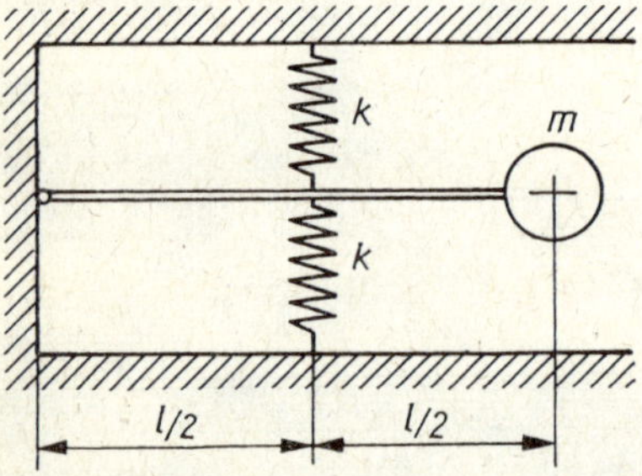

Bild 24

12. Eine Billardkugel hat die Masse 100 g. Beim senkrechten Stoß gegen eine Stahlplatte wird die Kugel um 0,2 mm abgeplattet. Die Kraft $F = 10$ kN bewirkt eine gleich große Verformung der Kugel. Die Dauer des Stoßvorganges ist abzuschätzen.

13. Ein Fadenpendel ($l = 100$ cm) wird um einen kleinen Winkel ausgelenkt und dann freigegeben. Wenn das Pendel die Gleichgewichtslage passiert, schlägt der Faden gegen einen Stift, der sich $h = 0{,}75\,l$ unter dem Aufhängepunkt befindet. Das Pendel schwingt verkürzt weiter.
Nach welcher Zeit erreicht es wieder die Ausgangslage?

14. An einem Draht (Länge l, Durchmesser d) hängt ein zylindrischer Körper (Masse m, Radius R). Die Zylinderachse liegt in der Verlängerung des Drahtes. Das System wird zu Drehschwingungen um diese Achse angeregt. Aus der Periodendauer soll mit den angegebenen Größen der Torsionsmodul des Drahtmaterials bestimmt werden. Die Gleichung dafür ist zu entwickeln!

4. Überlagerung von Schwingungen

4.1. Übersicht

Maschinen- oder Fahrzeugteile werden oftmals gleichzeitig zu mehreren Schwingungen angeregt. Auch in der Musik oder beim Rundfunkempfang überlagern sich viele Schwingungen ohne gegenseitige Störung. Dieser Synthese von Schwingungsvorgängen steht die Analyse gegenüber: Komplizierte periodische Änderungen physikalischer Größen lassen sich als Zusammensetzung harmonischer Schwingungen mit verschiedenen Frequenzen und Amplituden deuten. Solche Analysen finden z. B. unbewußt bei der akustischen Wahrnehmung statt.
Die Mannigfaltigkeit der Überlagerungsmöglichkeiten ist sehr groß. In den nächsten Abschnitten werden darum nur die wichtigsten Spezialfälle für die Zusammensetzung harmonischer Schwingungen vorgestellt. Dabei wird einerseits nach den Schwingungsrichtungen, andererseits nach den Frequenzen systematisiert.
Wenn sich Schwingungen gleicher Richtung überlagern, kommt wieder eine geradlinige Bewegung zustande. Schwingungen mit verschiedenen Richtungen ergeben i. allg. eine zweidimensionale Bewegung des betrachteten Massenpunkts. In beiden Fällen geht es um die Vektoraddition der Elongationen für jeden Zeitpunkt.
Eine mathematische Überlegung ergibt: Aus der Überlagerung von Schwingungen kann nur dann eine periodische Bewegung hervorgehen, wenn das Verhältnis der beteiligten Frequenzen durch rationale Zahlen ausdrückbar ist. In der Praxis ist das immer möglich, da sich die Einzelfrequenzen nur mit beschränkter Genauigkeit realisieren lassen. Von besonderem Interesse sind bei der Überlagerung Frequenzverhältnisse, die durch kleine ganze Zahlen darstellbar sind (z. B. $f_1 : f_2 = 1 : 3$) sowie Frequenzen, die sich nur wenig unterscheiden (z. B. $f_1 : f_2 = 9 : 10$).
Bei den Überlagerungen sind die Phasenbeziehungen zwischen den beteiligten Schwingungen zu beachten. Bei zwei Schwingungen mit gleichen Frequenzen beträgt die **Phasendifferenz** oder auch **Phasenverschiebung**

$$\Delta \psi = \psi_2 - \psi_1 = (\omega_2 t + \varphi_2) - (\omega_1 t + \varphi_1)$$
$$= \varphi_2 - \varphi_1 = \Delta \varphi.$$

Zumeist wird $\varphi_1 = 0$ gesetzt. Dann gilt $\Delta \psi = \Delta \varphi = \varphi_2$. Oft wird diese Phasendifferenz auch mit φ bezeichnet, wenn dadurch keine Mißverständnisse entstehen können.
Bei Schwingungen mit verschiedenen Frequenzen bezieht sich die Angabe von Phasendifferenzen auf den Zeitpunkt $t = 0$.

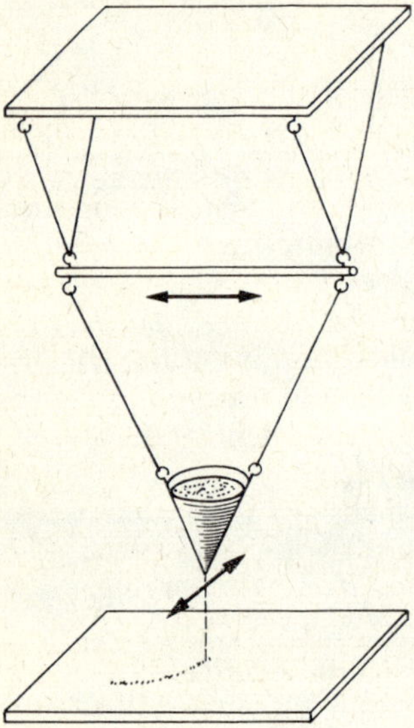

Bild 25

Um die Überlagerung von Schwingungen experimentell zu untersuchen, kann z.B. das »Sandpendel« (Bild 25) verwendet werden. Mechanische Vorrichtungen arbeiten jedoch wegen Reibung und unerwünschter Kopplungen (↗ 7.1.) nicht sehr genau. Bessere Ergebnisse liefert der Elektronenstrahloszillograph. Gesteuert von Wechselspannungen mit einstellbaren Frequenzen und Amplituden, führt der Elektronenstrahl die gewünschten Schwingungen einzeln oder gemeinsam aus. Mit Hilfe einer Ablenkspannung nach Bild 2 können dazu die y, t-Diagramme geschrieben werden.

4.2. Überlagerung bei gleicher Schwingungsrichtung

4.2.1. Gleiche Frequenzen

Die Überlagerung von zwei harmonischen Schwingungen ist leicht zu überschauen, wenn die Phasendifferenz 0 oder π be-

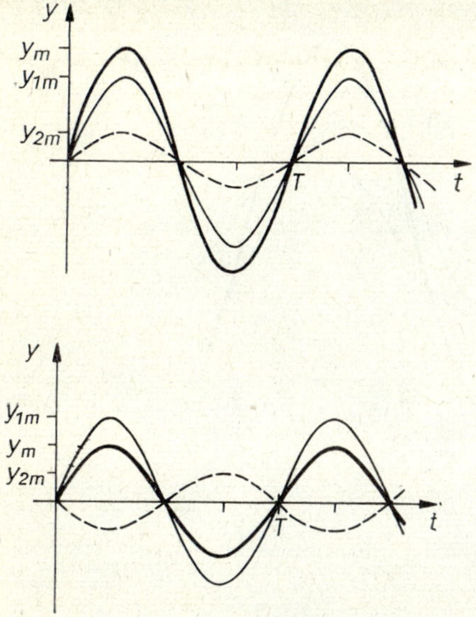

Bild 26

trägt. Im ersten Fall werden die Amplituden addiert, im zweiten subtrahiert (Bild 26). Gleiche Amplituden führen bei der Phasendifferenz π zur gegenseitigen Auslöschung der Schwingungen. Der allgemeine Fall ist in Bild 27 dargestellt. Dafür wurden gewählt:

$$y_{1\,\mathrm{m}} = 3\ \mathrm{mm}, \qquad y_{2\,\mathrm{m}} = 4\ \mathrm{mm}$$

$$\varphi_1 = \frac{\pi}{6}, \qquad \varphi_2 = \frac{2\,\pi}{5}.$$

Die Addition der Elongationen zu jedem Zeitpunkt liefert das y, t-Diagramm einer harmonischen Schwingung mit der gleichen Periodendauer wie die Einzelschwingungen.
Im Zeigerdiagramm (Bild 28) führt die Addition der Elongationen y_1 und y_2 sowie entsprechend x_1 und x_2 zur geometrischen Addition (Vektoraddition) der beiden Zeiger für die Einzelschwingungen. Am resultierenden Zeiger sind Amplitude und Nullphasenwinkel der zusammengesetzten Schwingung ablesbar. In dem Dreieck, das von den Zeigern $\underline{y}_1$, $\underline{y}_2$ und $\underline{y}$ gebildet wird, liegt $\underline{y}$ der Winkel $180° - (\varphi_2 - \varphi_1)$ gegenüber. Mit Hilfe des Kosinussatzes der ebenen Trigonometrie erhält man

$$y_{\mathrm{m}} = \sqrt{y_{1\,\mathrm{m}}^2 + y_{2\,\mathrm{m}}^2 + 2\,y_{1\,\mathrm{m}}\,y_{2\,\mathrm{m}}\cos(\varphi_2 - \varphi_1)}\;.$$

Bild 27

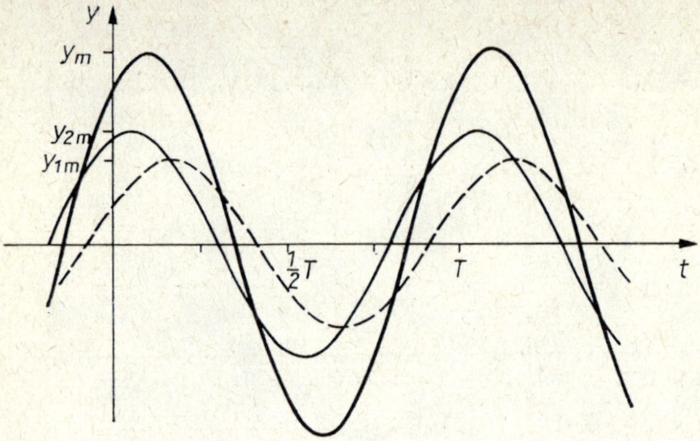

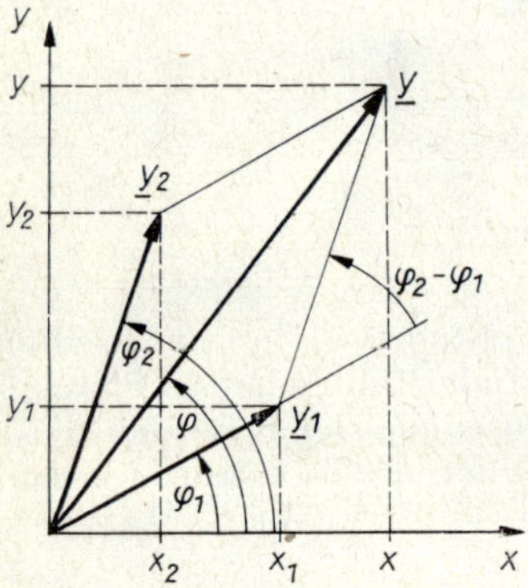

Bild 28

Für den Nullphasenwinkel folgt aus einer weiteren trigonometrischen Rechnung

$$\tan \varphi = \frac{y_{1\,\mathrm{m}} \sin \varphi_1 + y_{2\,\mathrm{m}} \sin \varphi_2}{y_{1\,\mathrm{m}} \cos \varphi_1 + y_{2\,\mathrm{m}} \cos \varphi_2}.$$

Damit ist allgemein nachgewiesen:

Wenn sich harmonische Schwingungen mit gleichen Richtungen und Frequenzen überlagern, entsteht wieder eine harmonische Schwingung derselben Frequenz.

Amplitude und Nullphasenwinkel der resultierenden Schwingung sind durch die entsprechenden Größen der Einzelschwingungen bestimmt.

Dieses Ergebnis ist z.B. sehr bedeutsam für das Zusammenwirken von Singstimmen oder Musikinstrumenten.

Beispiel 19

Zwei harmonische Schwingungen mit gleichen Richtungen, Amplituden und Frequenzen überlagern sich. Unter welcher Voraussetzung hat die resultierende Schwingung die gleiche Amplitude wie die Einzelschwingungen?

Lösung

Zwischen beiden Schwingungen muß eine bestimmte Phasendifferenz $\Delta\,\varphi = \varphi_2 - \varphi_1$ bestehen. Diese erhält man rechnerisch aus der Gleichung für y_{m}. Unter den angegebenen Bedingungen gilt

$$y_{\mathrm{m}} = \sqrt{2\,y_{\mathrm{m}}^2 + 2\,y_{\mathrm{m}}^2 \cos \Delta\,\varphi},$$

$$1 = 2 + 2 \cos \Delta\,\varphi,$$

$$\cos \Delta\,\varphi = -\,0{,}5,$$

$$\underline{\underline{\Delta\,\varphi = \pm \frac{2\,\pi}{3}}}\,.$$

Das Zeigerdiagramm (Bild 29) bestätigt dieses Ergebnis. Es hat z.B. auch Bedeutung für Dreiphasen-Wechselstromnetze.

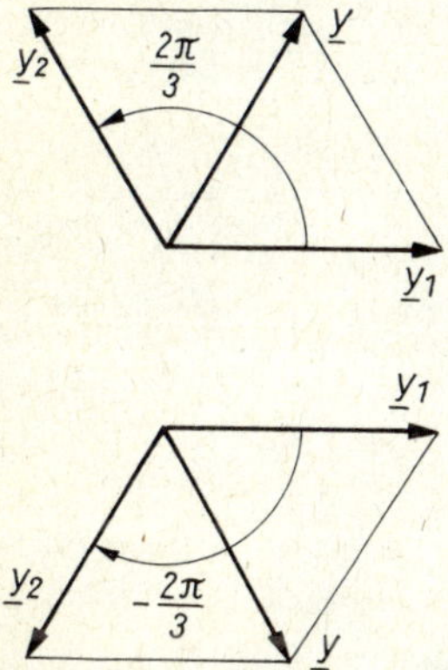

Bild 29

4.2.2. Verschiedene Frequenzen

Für diesen Fall sind bereits bei der Überlagerung von zwei Schwingungen die Ergebnisse vielgestaltig, zumal auch noch die Amplituden- und Phasenbeziehungen wesentlichen Einfluß haben.

Das Ort-Zeit-Diagramm für die resultierende Schwingung kann, wie in 4.2.1., durch grafische oder rechnerische Addition der Elongationen entwickelt werden.

Beispiel 20

Für die zusammengesetzte Schwingung

$$y = y_{1\,\mathrm{m}} \sin \omega_1 t + y_{2\,\mathrm{m}} \sin (\omega_2 t + \varphi)$$

ist das Ort-Zeit-Diagramm zu zeichnen. Dabei soll gelten:

$$\omega_2 = 2\,\omega_1, \quad y_{2\,\mathrm{m}} = \frac{1}{2} y_{1\,\mathrm{m}}, \quad \varphi = \frac{\pi}{2}.$$

Lösung

Die Ort-Zeit-Diagramme für die Einzelschwingungen und die resultierende Schwingung sind in Bild 30 dargestellt. Die Lage der Kurven für die Einzelschwingungen kann mit einem Zeigerdiagramm gefunden werden. Aus der Frequenzbeziehung folgt $T_2 = \frac{1}{2} T_1$.

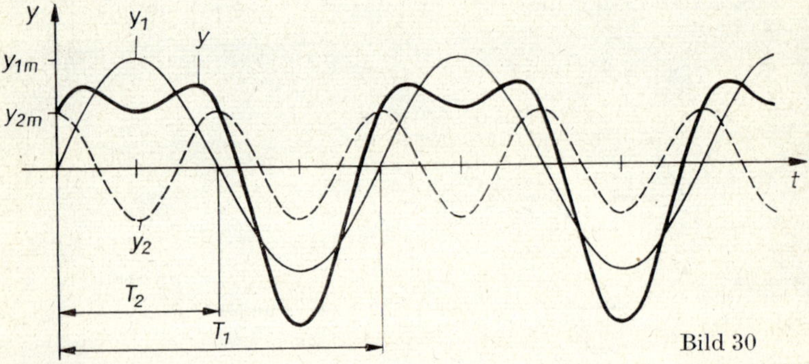

Bild 30

Das hier gefundene Ergebnis ist typisch und kann verallgemeinert werden:
Bei der Überlagerung von gleichgerichteten Schwingungen verschiedener Frequenzen entsteht eine anharmonische Schwingung. Ihre Periodendauer ist das kleinste gemeinsame Vielfache dieser Größen für die beteiligten Einzelschwingungen.

4.2.3. Harmonische Analyse

Der vorige Abschnitt führt zu dem Problem, jene harmonischen Schwingungen mit ihren Frequenzen und Amplituden aufzufinden, aus denen eine anharmonische Schwingung zusammengesetzt ist. Die mathematische oder auch experimentelle Lösung dieser Aufgabe wird harmonische Analyse oder auch FOURIER-Analyse genannt. Die Ergebnisse einer solchen Analyse werden hier ohne die zugehörige mathematische Entwicklung erläutert.

Beispiel 21

Zwischen zwei parallelen starren Wänden bewege sich eine kleine Stahlkugel hin und her; sie werde bei den Stößen ideal elastisch reflektiert. Vom Einfluß der Schwerkraft wird abgesehen. Die Bewegung der Kugel ist eine anharmonische Schwingung. Die Amplitude y_m ist die Hälfte des Abstandes der Wände; die Periodendauer T ist doppelt so groß wie die Laufzeit zwischen zwei Reflexionen. Das Ort-Zeit-Diagramm ist in Bild 31 dargestellt. Die Kugel wird dabei als Massenpunkt betrachtet.

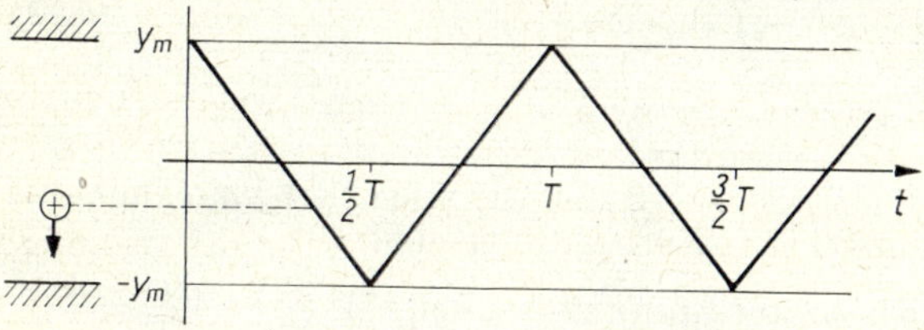

Bild 31

Aus der harmonischen Analyse folgt mit $\omega = 2\pi/T$

$$y = \frac{8\,y_m}{\pi^2}\left(\cos\omega t + \frac{1}{9}\cos 3\,\omega t + \frac{1}{25}\cos 5\,\omega t + \frac{1}{49}\cos 7\,\omega t + \cdots\right).$$

Für die Zeit $0 \leqq t \leqq T/4$ sind die ersten drei Glieder dieser Reihe und deren Summe darzustellen.
Das v_y, t-Gesetz ist durch Differentiation herzuleiten. Daraus ist die Geschwindigkeit für $t = T/4$ zu berechnen.

Lösung

Bild 32 zeigt die geforderten Diagramme. Die Summenkurve ist bereits eine gute Näherung für das y, t-Diagramm von Bild 31. Indem die einzelnen Glieder der FOURIER-Reihe nach der Zeit

Bild 32

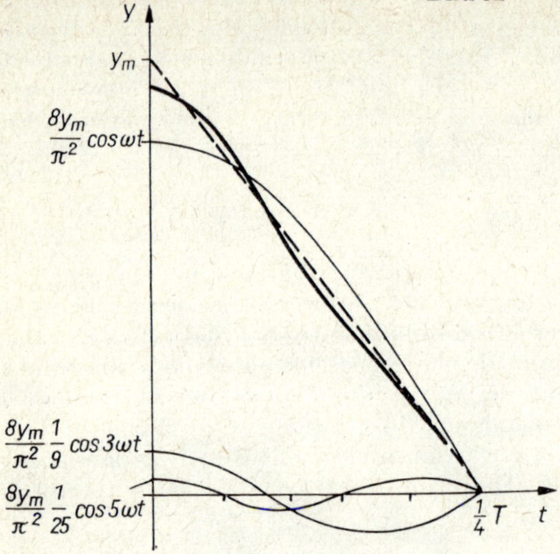

abgeleitet werden, erhält man

$$v_y = -\frac{16\,v_\mathrm{m}}{\pi\,T}\left(\sin\omega\,t + \frac{1}{3}\sin 3\,\omega\,t + \frac{1}{5}\sin 5\,\omega\,t + \cdots\right).$$

Für $t = T/4$ oder $\omega\,t = \pi/2$ sind die Werte der Sinusfunktionen in der Klammer abwechselnd $+1$ und -1; der Klammerausdruck geht in die LEIBNIZsche Reihe $1 - \frac{1}{3} + \frac{1}{5} - \frac{1}{7} \cdots$ über, welche die Summe $\pi/4$ hat.

Damit erhält man für $t = T/4$ die Geschwindigkeit $|v_y| = 4\,y_\mathrm{m}/T$. Das ist genau die konstante Geschwindigkeit der Kugel, die sich aus dem Weg $4\,y_\mathrm{m}$ ergibt, der in der Zeit T zurückgelegt wird.

4.2.4. Schwebungen

Diese besondere Schwingungsform entsteht durch Überlagerung zweier gleichgerichteter Schwingungen mit gleicher Amplitude

$$y_1 = y_\mathrm{m}\sin\omega_1 t, \qquad y_2 = y_\mathrm{m}\sin\omega_2 t$$

bei hinreichend kleiner Frequenzdifferenz

$$(f_2 - f_1) \ll f_1, f_2.$$

Die Phasendifferenz zwischen den beiden Schwingungen beträgt

$$\Delta\,\psi = (\omega_2 - \omega_1)\,t.$$

Sie wächst proportional der Zeit. Unter den gewählten Voraussetzungen gilt für $t = 0$ auch $\Delta\,\psi = 0$. In der Umgebung dieses Zeitpunktes entsteht darum ein Maximum für die Amplitude der resultierenden Schwingung. Es tritt erneut auf, sobald die Phasendifferenz auf $2\,\pi$ oder ein ganzzahliges Vielfaches von $2\,\pi$ gewachsen ist. Dazwischen kommt es für $\Delta\,\psi = \pi,\ 3\,\pi$ usf. zur Auslöschung der beiden Schwingungen.

Das An- und Abschwellen der Amplitude wird Schwebung genannt (Bild 33). Die Schwebungsperiodendauer T_s ist die Zeitspanne zwischen benachbarten Nullstellen oder Maxima der Amplitude.

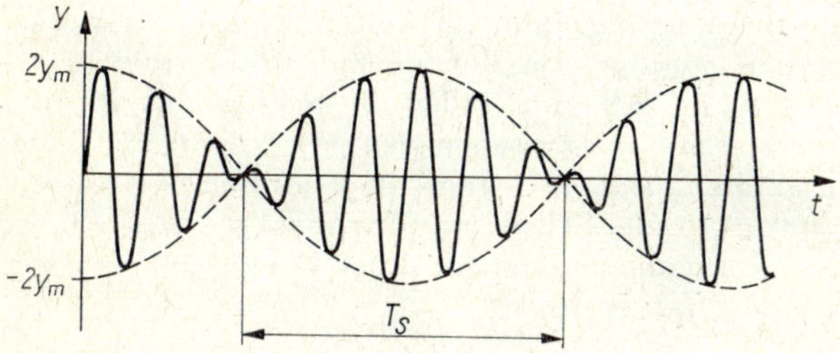

Bild 33

Aus

$$(\omega_2 - \omega_1)\,T_s = 2\,\pi$$

folgen

$$T_s = \frac{1}{f_2 - f_1}$$

und die Schwebungsfrequenz

$$f_s = f_2 - f_1.$$

Diese Ergebnisse werden durch eine mathematische Entwicklung bestätigt:

$$y = y_m\,(\sin\omega_1\,t + \sin\omega_2\,t)$$

$$= 2\,y_m \cos\frac{\omega_2 - \omega_1}{2}\,t \sin\frac{\omega_1 + \omega_2}{2}\,t.$$

Die Sinusfunktion beschreibt eine harmonische Schwingung mit dem Mittelwert der Einzelfrequenzen, die Kosinusfunktion die Schwankung der Amplitude.

Mit Hilfe von Schwebungen können die Frequenzen zweier Schwingungen sehr genau abgeglichen werden. Beim Stimmen von Klavieren oder Gitarren werden die Schwebungen zum Verschwinden gebracht. Aus zwei hochfrequenten Schwingungen kann über Schwebungen eine gewünschte Zwischenfrequenz oder auch Tonfrequenz gewonnen werden. Bei elektronischen Musikinstrumenten werden Schwebungen benutzt, um besondere Klangeffekte (Vibrato) zu erzeugen.

Beispiel 22

Zwei Uhren sind für die Unruhfrequenz 2,0 Hz ausgelegt. Es wird beobachtet, daß die Schlaggeräusche beider Uhren in Zeitabständen von etwa 200 s zusammenfallen und in der Zwischenzeit getrennt wahrnehmbar sind. Welche Gangdifferenz zwischen den Uhren entsteht im Laufe eines Tages?

Lösung

Der beschriebene Vorgang kann im weiteren Sinne als Schwebung verstanden werden. Da bei jeder Halbschwingung ein Schlaggeräusch ausgelöst wird, fallen die Schläge bei Phasendifferenzen $0, \pi, 2\pi \cdots$ zwischen den Schwingungen beider Unruhen zusammen. Daher beträgt die Schwebungsperiodendauer $T_s = 400$ s. Aus der Schwebungsfrequenz $f_s = 2{,}5 \cdot 10^{-3}$Hz folgt der relative Frequenzunterschied der Unruhschwingungen

$$\frac{\Delta f}{f} = \frac{2{,}5 \cdot 10^{-3}\ \text{Hz}}{2\ \text{Hz}} = 1{,}25 \cdot 10^{-3}.$$

Den gleichen Betrag hat auch die relative Fehlanzeige in der Zeit $t = 24$ h. Daraus folgt

$$\Delta t = \frac{\Delta f}{f} t = 1{,}25 \cdot 10^{-3} \cdot 86400\ \text{s}$$

$$\underline{\underline{\Delta t = 108\ \text{s} \approx 2\ \text{min.}}}$$

4.2.5. Modulation

In der Nachrichtentechnik werden auf viele Arten hochfrequente elektromagnetische Schwingungen und Wellen benutzt, um Informationen zu übermitteln. Dafür ist es notwendig, Amplitude, Frequenz oder Phase von Schwingungen zu beeinflussen. Vorgänge solcher Art werden als Modulation bezeichnet. Im folgenden wird nur ein spezieller Fall der *Amplitudenmodulation* behandelt, der in Bild 34 dargestellt ist:
Die harmonische Trägerschwingung hat die Kreisfrequenz ω_h und die Amplitude y_h. Diese wird im Takt der aufmodulierten

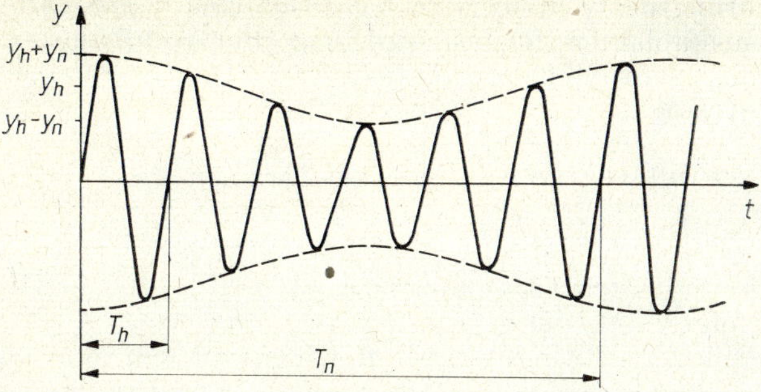

Bild 34

Schwingungen (Kreisfrequenz $\omega_n < \omega_h$, Amplitude $y_n < y_h$) verändert. Die zugehörige Ort-Zeit-Funktion lautet

$$y = (y_h + y_n \cos \omega_n t) \sin \omega_h t.$$

Man erkennt, daß hier anders als bei den bisher betrachteten Formen eine multiplikative Überlagerung vorliegt.
Die Umformung mit Hilfe von Additionstheoremen für die trigonometrischen Funktionen ergibt

$$y = y_h \sin \omega_h t + \frac{1}{2} y_n \sin (\omega_h + \omega_n) t + \frac{1}{2} y_n \sin (\omega_h - \omega_n) t.$$

Diese Gleichung ist in folgender Form zu interpretieren:
In der modulierten Schwingung sind außer der Trägerschwingung noch zwei *Seitenschwingungen* enthalten. Diese haben die Kreisfrequenzen $\omega_h + \omega_n$ bzw. $\omega_h - \omega_n$.
Daraus ist zu schließen: Wenn eine hochfrequente Schwingung durch Amplitudenmodulation zum Träger einer Information der Frequenz f_n gemacht werden soll, erfordert das ein *Frequenzband* mit der Bandbreite $(f_h - f_n) \leqq f \leqq (f_h + f_n)$.

4.3. Überlagerung bei verschiedenen Schwingungsrichtungen

4.3.1. Zirkulare und elliptische Schwingungen

In der einleitenden Übersicht wurde bereits erläutert, daß bei der Überlagerung verschieden gerichteter Schwingungen eines Massenpunkts zweidimensionale Bewegungen zustandekommen. Anstelle des Ort-Zeit-Diagramms werden darum jetzt die *Bahnkurven* zur Veranschaulichung genutzt.
Hier soll zunächst nur die Überlagerung zweier Schwingungen mit gleichen Frequenzen und Amplituden untersucht werden,

die in Richtung der Achsen eines rechtwinkligen x, y-Koordinatensystems ablaufen. Dabei wird eine Phasendifferenz φ zwischen den Schwingungen vorausgesetzt. Das beschreiben die Ort-Zeit-Gesetze

$$x = r \sin (\omega t + \varphi),$$

$$y = r \sin \omega t.$$

Einige Spezialfälle sind sofort zu überblicken:
Aus $\varphi = 0$ folgt $y = x$; aus $\varphi = \pi$ folgt $y = -x$.
Der Massenpunkt schwingt in diesen Fällen auf den Winkelhalbierenden des 1. und 3. bzw. des 2. und 4. Quadranten des Koordinatensystems und hat dabei die Amplitude $r\sqrt{2}$.
Aus $\varphi = \pm \frac{\pi}{2}$ folgt

$$x = \pm r \cos \omega t,$$

$$y = r \sin \omega t.$$

Dieses Gleichungssystem beschreibt eine Kreisbewegung, die auch als *zirkulare Schwingung* bezeichnet wird. Mit Hilfe der Beziehung $\sin^2 \omega t + \cos^2 \omega t = 1$ gelangt man zur Bahngleichung

$$x^2 + y^2 = r^2.$$

Bei der Phasendifferenz $\varphi = \pi/2$ wird der Kreis im mathematisch positiven Umlaufsinn zurückgelegt (*rechtszirkulare Schwingung*), bei $\varphi = -\pi/2$ im entgegengesetzten Umlaufsinn (*linkszirkulare Schwingung*).
Nach diesen speziellen Fällen wird nun eine beliebige Phasenbeziehung betrachtet:

Beispiel 23

Welche Bahnkurve entsteht, wenn sich die beiden Schwingungen $x = r \sin (\omega t + \pi/3)$ und $y = r \sin \omega t$ überlagern!
Die Lösung ist graphisch mit Hilfe von Zeigerdiagrammen auszuführen.

Lösung

In den Zeigerdiagrammen für beide Schwingungen (Bild 35) wird die Lage der Zeiger $(0 \cdots 12)$ in Zeitabständen $T/12$ eingezeichnet. Daraus ergeben sich die zugeordneten Koordinaten x_i, y_i für die Punkte der Bahnkurve, bei der es sich um eine Ellipse handelt.

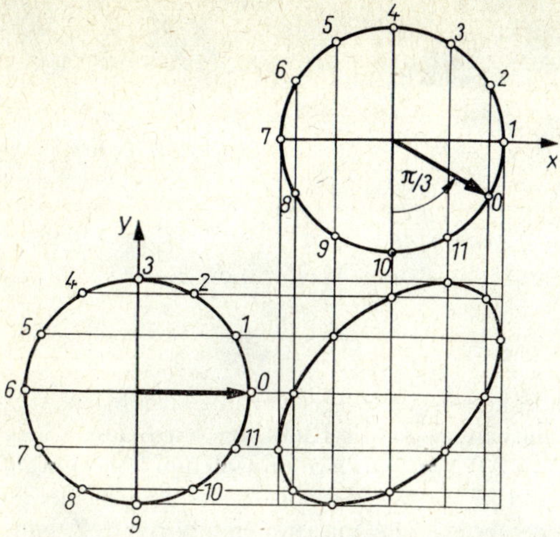

Bild 35

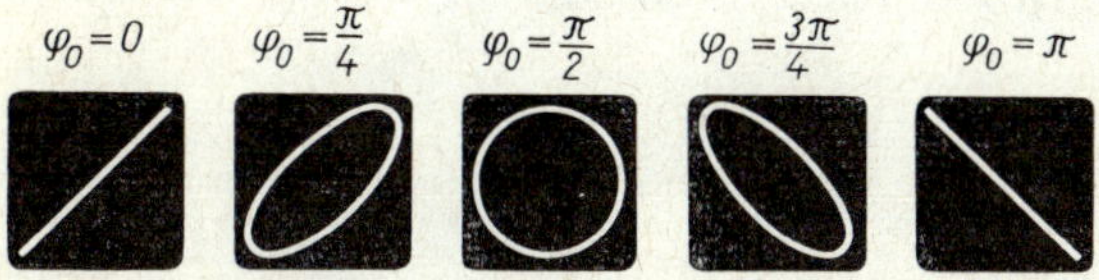

Bild 36

Bild 36 gibt eine Auswahl von Oszillogrammen mit den dazugehörigen Phasendifferenzen. Solche Kurven können auch mit einem »Sandpendel«, das nicht mehr in einer Ebene schwingt, erzeugt werden.
Wenn zwischen den beiden Schwingungen ein kleiner Frequenzunterschied besteht, kann dies wie schon bei den Schwebungen als zeitlich veränderliche Phasenverschiebung gedeutet werden. Die in Bild 36 dargestellten Oszillogramme wechseln dabei ständig ab.
Die hier gefundenen Ergebnisse lassen sich verallgemeinern. Hierzu wird die Bahnkurve durch schräge Parallelprojektion abgebildet. Das einhüllende Quadrat geht dabei in ein Rechteck oder ein allgemeines Parallelogramm über. Die Bahnkurven bleiben Ellipsen mit den Sonderfällen Geraden und Kreis.

4.3.2. Lissajous-Figuren

Die in 4.3.1. untersuchten Bahnkurven sind die einfachsten Lissajous-Figuren. Kompliziertere Kurven dieser Art kommen zustande, wenn die überlagerten Schwingungen verschiedene Frequenzen haben.

Beispiel 24

Für die Überlagerung der Schwingungen

$$x = r \sin\left(\omega_1 t + \frac{\pi}{3}\right),$$

$$y = r \sin \omega_2 t$$

mit dem Frequenzverhältnis $f_1 : f_2 = 2:3$
ist die LISSAJOUS-Figur nach dem Muster von Beispiel 23 zu entwickeln.

Lösung

Die Winkelgeschwindigkeiten der Zeiger verhalten sich wie 2:3. Der Zeiger für die Schwingung in x-Richtung wird deshalb in Winkelabständen von 30°, der andere in solchen Abständen von 45° fixiert. In Bild 37 ist nur das aus dieser Konstruktion folgende Netz eingezeichnet. Die zusammengehörigen Zeigerstellungen bzw. Koordinaten x_i, y_i ergeben sich aus der Numerierung.

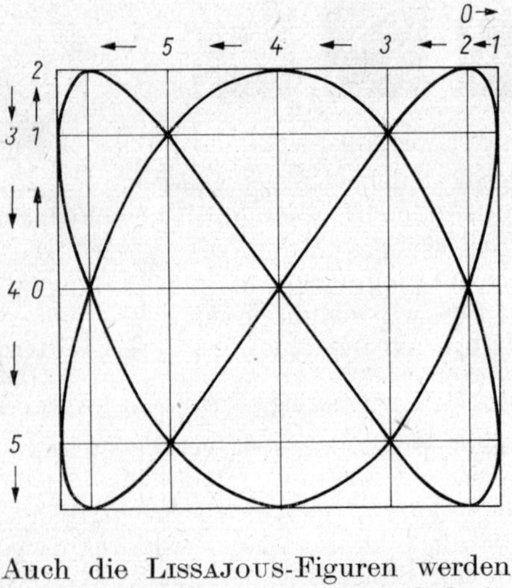

Bild 37

Auch die LISSAJOUS-Figuren werden für Frequenzvergleiche angewendet. Das Frequenzverhältnis ist aus der Anzahl der Berührungspunkte mit den Quadratseiten ablesbar.

Aufgaben

15. Zwei gleichgerichtete harmonische Schwingungen mit gleichen Frequenzen werden überlagert. Die Amplituden betragen $y_{1\,\mathrm{m}} = 6$ mm und $y_{2\,\mathrm{m}} = 8$ mm, die Nullphasen

$\varphi_1 = 0$ und $\varphi_2 = \pi/2$. Bestimmen Sie rechnerisch und mit Hilfe des Zeigerdiagramms Amplitude und Nullphase für die resultierende Schwingung.

16. Zwei harmonische Schwingungen mit gleicher Richtung, Frequenz und Amplitude werden überlagert. Es ist graphisch darzustellen, wie die Amplitude der resultierenden Schwingung von der Phasendifferenz zwischen den Einzelschwingungen abhängt.
17. Unter welcher Voraussetzung löschen sich drei harmonische Schwingungen mit gleichen Frequenzen und Amplituden bei der Überlagerung wechselseitig aus?
18. Beim Stimmen einer Gitarrensaite auf die Frequenz 330 Hz werden durch Überlagern des Vergleichstons in 5 s 9 Schwebungsmaxima wahrgenommen. Welche Frequenz hatte die Saitenschwingung?
19. Bestimmen Sie zeichnerisch die LISSAJOUS-Figur, die bei der Überlagerung zweier harmonischer Schwingungen mit dem Frequenzverhältnis 1:2 entsteht, wenn die Phasendifferenz zur Zeit $t = 0$ den Wert $\pi/2$ hat!
20. Für die FOURIER-Darstellung des v, t-Gesetzes in Beispiel 21 ist unter Berücksichtigung der drei ersten Glieder das v, t-Diagramm zu entwickeln.

5. Gedämpfte Schwingungen

5.1. Ort-Zeit-Gesetz

Die mechanische Energie frei schwingender Systeme nimmt infolge Reibung ab, bei höheren Frequenzen auch durch Aussenden von Schallwellen. Die Amplitude freier gedämpfter Schwingungen verkleinert sich daher im Laufe der Zeit.
Wenn ein System durch Gleitreibung gedämpft wird, gehen die Amplituden nach einer linearen Funktion der Zeit zurück (↗ Beispiel 27). Die Dämpfung durch innere Reibung eines Gases wird durch Bild 38 veranschaulicht. In entsprechender Weise können auch Flüssigkeiten genutzt werden. Als Beispiel für eine Dämpfung durch elektromagnetische Induktion zeigt Bild 39 eine Wirbelstromdämpfung. In diesen Fällen verändern sich die Amplituden gemäß einer fallenden Exponentialfunktion. Das Ort-Zeit-Gesetz lautet

$$y = y_A \, e^{-\delta t} \sin(\omega t + \varphi). \tag{5.1}$$

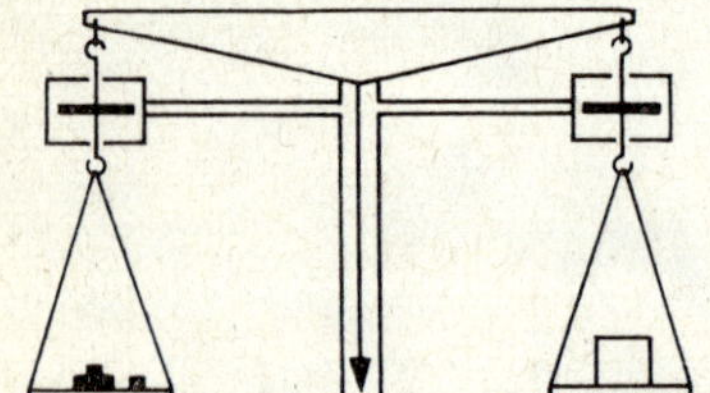

Bild 38

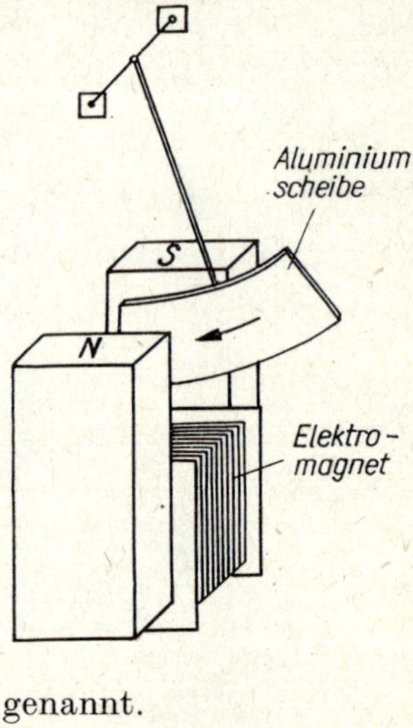

Bild 39

Die Größe δ wird *Abklingkonstante* genannt.
Bild 40 zeigt das zugehörige y, t-Diagramm mit $\varphi = 0$.

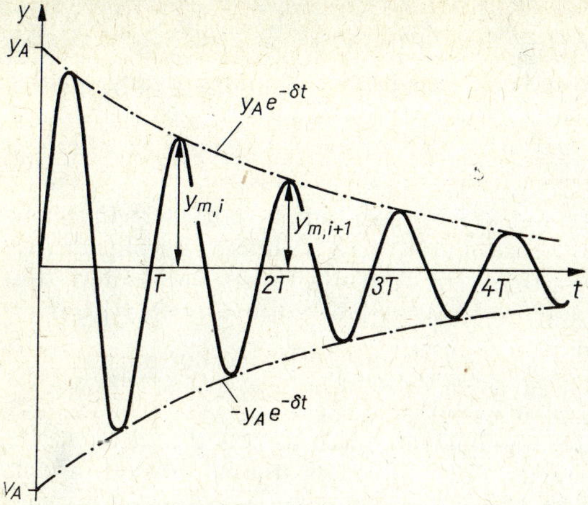

Bild 40

Der Graph für die Schwingung wird von den Graphen der Funktionen $y_G = \pm\, y_A\, e^{-\delta t}$ begrenzt. Die Größe y_A wird durch die Elongation bzw. die Geschwindigkeit zur Zeit $t = 0$ bestimmt:

$$y_A = y_0/\sin \varphi$$

und im Falle $\varphi_0 = 0$

$$y_A = v_0/\omega.$$

Die Nullstellen haben die Zeitabstände $T/2$. Während des Abklingens bleibt die Periodendauer konstant. Sie ist jedoch größer als die Periodendauer der freien ungedämpften Schwingung des gleichen Systems (↗ 5.2.).

In den Berührungspunkten mit den Grenzkurven gilt $\sin \omega t = \pm 1$. Diese Punkte haben daher ebenfalls die Zeitabstände $T/2$. Das gilt auch für die Extremstellen, die jeweils links von den Berührungsstellen liegen.

Das Dämpfungsverhältnis wird aus zwei Elongationen mit dem Zeitabstand T gebildet. Speziell kann es sich um benachbarte Amplituden handeln, die hier mit den Ordnungszahlen i und $i + 1$ gekennzeichnet werden. Da die Sinusfunktion in Zeitabständen T gleiche Werte annimmt, gilt

$$\frac{y\,(t)}{y\,(t + T)} = \frac{y_{\mathrm{m},\,i}}{y_{\mathrm{m},\,i+1}} = \frac{y_A\, e^{-\delta t}}{y_A\, e^{-\delta (t+T)}} = e^{\delta T}.$$

Der natürliche Logarithmus dieses Verhältnisses wird als **logarithmisches Dekrement** Λ bezeichnet,

$$\Lambda = \ln \frac{y(t)}{y(t+T)} = \ln \frac{y_{m,i}}{y_{m,i+1}} = \delta T. \tag{5.2}$$

Diese Größe wird oft benutzt, um den Abklingvorgang quantitativ zu beschreiben.

Beispiel 25

Eine Gitarrensaite schwingt harmonisch mit der Frequenz 82 Hz. Dabei wird beobachtet, daß sich die Amplitude des Mittelpunkts der Saite in 1,2 s auf die Hälfte verkleinert. Für die Schwingung sind die Abklingkonstante und das logarithmische Dekrement zu bestimmen.

Lösung

Vereinfachend wird angenommen, daß für $t = 0$ und nach Ablauf der »Halbwertzeit« $T_{1/2} = 1{,}2$ s die Sinusfunktion in (5.1) den Wert 1 annimmt. Dann gilt $y_0 = y_A$ und

$$\frac{1}{2} y_0 = y_0 \, e^{-\delta T_{1/2}}.$$

Daraus folgt

$$\delta T_{1/2} = \ln 2,$$

$$\delta = \frac{\ln 2}{T_{1/2}},$$

$$\delta = 0{,}58 \text{ s},$$

$$\Lambda = \frac{\delta}{f},$$

$$\Lambda = 0{,}0071.$$

5.2. Dynamik des gedämpften Schwingers

Nach den Erläuterungen in 5.1. wird die dämpfende Kraft, die den exponentiellen Rückgang der Amplitude bewirkt, als proportional zur Geschwindigkeit angesetzt,

$$F_R = -r v_y.$$

Die Größe r wird *Dämpfungskonstante* genannt.
Damit lautet die NEWTONsche Bewegungsgleichung für das gedämpfte System

$$m a_y = -k y - r v_y$$

oder

$$m\,\ddot{y} + r\,\dot{y} + k\,y = 0. \tag{5.3}$$

Das Ort-Zeit-Gesetz (5.1) ist die Lösungsfunktion für diese Differentialgleichung, wenn bestimmte Beziehungen zwischen den Größen ω und δ auf der einen sowie m, r und k auf der anderen Seite erfüllt sind. Das wird im folgenden nachgewiesen. Zunächst werden aus der y, t-Funktion durch Differenzieren nach der Zeit die v_y, t- und die a_y, t-Funktion hergeleitet. Hierbei wird vereinfachend $\varphi = 0$ gesetzt.

$$\begin{aligned} v_y = \dot{y} &= y_A\,(-\,\delta)\,\mathrm{e}^{-\delta t}\sin\omega\,t + y_A\,\mathrm{e}^{-\delta t}\,\omega\cos\omega\,t \\ &= y_A\,\mathrm{e}^{-\delta t}\,(-\,\delta\sin\omega\,t + \omega\cos\omega\,t); \\ a_y = \ddot{y} &= y_A\,(-\,\delta)\,\mathrm{e}^{-\delta t}\,(-\,\delta\sin\omega\,t + \omega\cos\omega\,t) \\ &\quad + y_A\,\mathrm{e}^{-\delta t}\,(-\,\delta\,\omega\cos\omega\,t - \omega^2\sin\omega\,t) \\ &= y_A\,\mathrm{e}^{-\delta t}\,[(\delta^2 - \omega^2)\sin\omega\,t - 2\,\delta\,\omega\cos\omega\,t]. \end{aligned}$$

Diese Ausdrücke werden zusammen mit der Ort-Zeit-Funktion (5.1) in die Bewegungsgleichung eingesetzt; der gemeinsame Faktor $y_A\,\mathrm{e}^{-\delta t}$ wird weggelassen. Die Glieder mit den gleichen trigonometrischen Funktionen werden zusammengefaßt.

$$\begin{aligned} &(m\,\delta^2 - m\,\omega^2 - r\,\delta + k)\sin\omega\,t \\ &+ (-\,2\,\delta\,\omega\,m + r\,\omega)\cos\omega\,t = 0. \end{aligned}$$

Die beiden trigonometrischen Funktionen haben keine gemeinsamen Nullstellen. Daher wird diese Gleichung nur erfüllt, wenn die beiden Klammerausdrücke Null werden.
Aus

$$-\,2\,\delta\,\omega\,m + r\,\omega = 0$$

folgt

$$\delta = \frac{r}{2\,m}. \tag{5.4}$$

Aus

$$m\,\delta^2 - m\,\omega^2 - r\,\delta + k = 0$$

erhält man durch Einsetzen des oben gewonnenen Ausdrucks für δ

$$\omega = \sqrt{\frac{k}{m} - \left(\frac{r}{2\,m}\right)^2}$$

oder durch Einführen der Kreisfrequenz $\omega_0 = \sqrt{k/m}$ der ungedämpften Schwingung des Systems

$$\omega = \sqrt{\omega_0{}^2 - \delta^2}. \tag{5.5}$$

Die hier entwickelten Beziehungen bedeuten physikalisch: Die Abklingkonstante δ ist durch die Dämpfungskonstante r und die Masse des Schwingers bestimmt.
Die Kreisfrequenz der gedämpften Schwingung verkleinert sich, wenn die Dämpfung zunimmt.

Beispiel 26

Für die in Beispiel 25 betrachtete Saite ist die Frequenz der ungedämpften Schwingung zu berechnen. (Diese könnte genähert im Vakuum realisiert werden.)

Lösung

Durch Umformen der Gleichung (5.5) erhält man

$$\omega_0 = \sqrt{\omega^2 + \delta^2},$$

$$f_0 = \sqrt{f^2 + \left(\frac{\delta}{2\pi}\right)^2}.$$

Bei der Auswertung bietet sich eine Näherungsrechnung an. Für $x \ll 1$ gilt $\sqrt{1+x} \approx 1 + x/2$. Damit erhält man

$$f_0 = f\sqrt{1 + \left(\frac{\delta}{2\pi f}\right)^2} \approx f\left[1 + \frac{1}{2}\left(\frac{\delta}{2\pi f}\right)^2\right]$$

$$f_0 \approx f\,(1 + 0{,}0000063).$$

Dieses Ergebnis zeigt, daß der Einfluß der Dämpfung auf die Frequenz der Gitarrensaite vernachlässigbar ist und z.B. von Temperatureinflüssen weit übertroffen wird.
Die folgende Tabelle zeigt, wie sich Frequenz und Periodendauer mit zunehmender Dämpfung verändern.

$\frac{y(t)}{y(t+T)}$	Λ	$\frac{\delta}{\omega_0}$	$\frac{f}{f_0}$	$\frac{T}{T_0}$
1,5	0,405	0,064	0,998	1,002
2	0,603	0,11	0,994	1,006
10	2,303	0,39	0,939	1,065
50	3,912	0,53	0,849	1,178
100	4,605	0,59	0,807	1,240

5.3. Energiebilanz

Der gedämpfte Schwinger legt in der Zeitdauer Δt den Weg $\Delta y = v_y \Delta t$ zurück. Dabei verkleinert sich seine mechanische

Energie um den Betrag der Reibungsarbeit

$$\Delta E = -F_{\mathrm{R}}\,\Delta y = -F_{\mathrm{R}}\,v_y\,\Delta t.$$

Wenn die Reibungskraft der Geschwindigkeit proportional ist, folgt hieraus bei hinreichend kleinem Δt

$$\frac{\mathrm{d}E}{\mathrm{d}t} = -r\,v_y^2.$$

Das Quadrat der Geschwindigkeit kann durch die kinetische Energie ausgedrückt werden:

$$\frac{\mathrm{d}E}{\mathrm{d}t} = -\frac{2r}{m}E_{\mathrm{k}} = -4\,\delta\,E_{\mathrm{k}}.$$

Unter den genannten Voraussetzungen gilt somit:
Die Energieabnahme je Zeit ist der kinetischen Energie des schwingenden Systems proportional.

Beispiel 27

Mit Hilfe einer Energiebilanz ist zu bestimmen, wie sich die Amplitude der gedämpften Schwingung eines Feder-Masse-Systems bei konstanter Reibungskraft verändert.

Lösung

Es werden zwei benachbarte, entgegengesetzte Extremlagen $y_i > 0$ und $y_{i+1/2} < 0$ betrachtet. Die dort vorhandenen potentiellen Energien des Systems unterscheiden sich um den Betrag der Reibungsarbeit, die auf dem Wege $y_i + |y_{i+1/2}| = y_i - y_{i+1/2}$ verrichtet wird:

$$\frac{1}{2}k\,(y_i^2 - y_{i+1/2}^2) = F_{\mathrm{R}}\,(y_i - y_{i+1/2}).$$

Hieraus folgt

$$\frac{1}{2}k\,(y_i + y_{i+1/2}) = F_{\mathrm{R}},$$

$$y_{i+1/2} = -\left(y_i - \frac{2F_{\mathrm{R}}}{k}\right)$$

Die Amplitude verkleinert sich somit während einer halben Schwingung um den konstanten Betrag $2\,F_{\mathrm{R}}/k$. Dem entspricht ein Rückgang der Amplitude gemäß einer linearen Funktion der Zeit.

5.4. Aperiodische Bewegungen

5.4.1. Aperiodischer Grenzfall

Die Gleichung für die Kreisfrequenz der gedämpften Schwingung

$$\omega = \sqrt{\omega_0^2 - \delta^2}$$

führt für $\delta = \omega_0$ zu $\omega = 0$. Für $\delta > \omega_0$ ergeben sich komplexe Größen ω. Die Ort-Zeit-Funktion (5.1) ist in diesen Fällen nicht mehr anwendbar. Experimente ergeben, daß bei sehr starken Dämpfungen statt der abklingenden sinusverwandten Schwingungen aperiodische Bewegungen stattfinden. Der Schwinger nähert sich asymptotisch der Gleichgewichtslage, die zuvor höchstens einmal durchlaufen werden kann.
Der aperiodische Grenzfall ist durch $\delta = \omega_0$ gekennzeichnet.
Das Ort-Zeit-Gesetz

$$y = v_0\, t\, \mathrm{e}^{-\delta t} \qquad (5.6)$$

gilt unter den Anfangsbedingungen $t = 0$, $y = 0$, $\dot{y} = v_0$. Es wird hier ohne Beweis angegeben und durch die Lösung von Aufgabe 23 bestätigt.

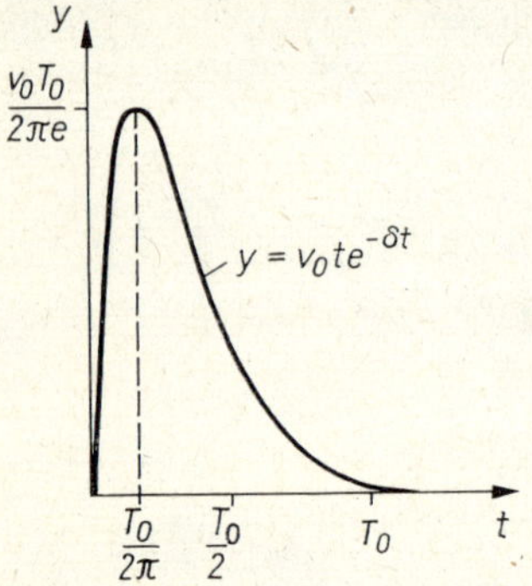

Bild 41

Bild 41 zeigt das zugehörige Ort-Zeit-Diagramm. Man erkennt, daß nach Ablauf der Zeit T_0 nahezu die Gleichgewichtslage erreicht wird. Das wird in der Meßtechnik genutzt: Schwingende Meßsysteme werden derart gedämpft, daß etwa der aperiodische Grenzfall eingestellt ist. Damit wird die schnellste Anzeige des Meßwerts erzielt.

Beispiel 28

Der Maximalausschlag eines Schwingers im aperiodischen Grenzfall nach (5.6) ist mit der Amplitude der ungedämpften Schwingung zu vergleichen, die bei den gleichen Anfangsbedingungen auftritt.

Lösung

Für die Amplitude der ungedämpften Schwingung erhält man nach (2.6)

$$y_{\mathrm{m}} = \frac{v_0}{\omega_0}.$$

Den Maximalausschlag im aperiodischen Grenzfall gewinnt man aus der Bedingung $v_y = 0$:

$$v_y = v_0 \, \mathrm{e}^{-\delta t} + v_0 \, t \, (-\delta) \, \mathrm{e}^{-\delta t}$$

$$= v_0 \, \mathrm{e}^{-\delta t} (1 - \delta \, t).$$

Das Maximum wird zur Zeit $t_{\mathrm{m}} = 1/\delta$ erreicht. Damit gilt

$$y_{\mathrm{m}A} = v_0 \frac{1}{\delta} \mathrm{e}^{-1}$$

und wegen $\delta = \omega_0$ im aperiodischen Grenzfall

$$y_{\mathrm{m}A} = \frac{v_0}{\omega_0} \mathrm{e},$$

$$\underline{\underline{y_{\mathrm{m}A} = \frac{y_{\mathrm{m}}}{\mathrm{e}}}}.$$

Der Maximalausschlag im aperiodischen Grenzfall ist um den Faktor $\mathrm{e} \approx 2{,}72$ kleiner als die Amplitude der ungedämpften Schwingung des gleichen Systems.

5.4.2. Kriechfälle

Diese sind durch $\delta > \omega_0$ gekennzeichnet.
Das Ort-Zeit-Gesetz

$$y = y_A \, \mathrm{e}^{-(\delta + \Omega)t} + y_B \, \mathrm{e}^{-(\delta - \Omega)t}$$

mit

$$\Omega = \sqrt{\delta^2 - \omega_0{}^2}$$

wird hier ohne Beweis angegeben. Es kann durch die Wahl der Konstanten y_A und y_B den gewünschten Anfangsbedingungen angepaßt werden. In den Bildern 42 und 43 sind einige Kriechfälle einschließlich des aperiodischen Grenzfalls dargestellt.

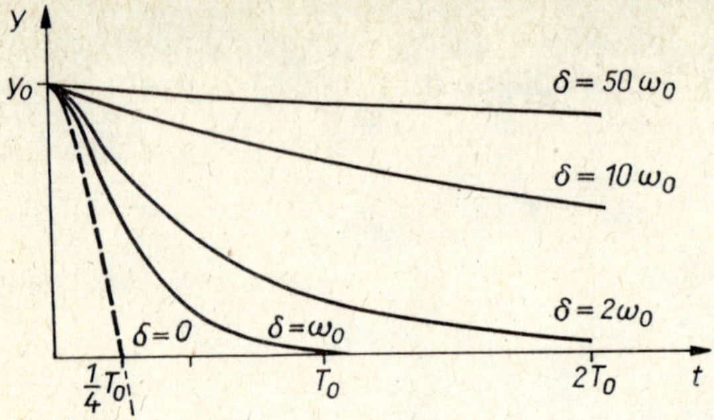

Bild 42

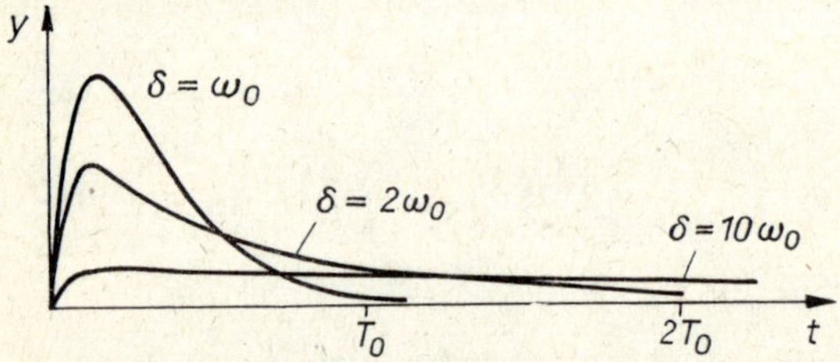

Bild 43

Bei sehr starker Dämpfung kriecht der Schwinger so langsam, daß in der Bewegungsgleichung die Beschleunigung vernachlässigt werden kann. Es gilt dann

$$r\,\dot{y} + k\,y = 0.$$

Die Integration durch Trennung der Variablen führt zu

$$\frac{\mathrm{d}\,y}{\mathrm{d}\,t} = -\frac{k}{r}\,y,$$

$$\frac{\mathrm{d}\,y}{y} = -\frac{k}{r}\,\mathrm{d}\,t,$$

$$y = y_0\,\mathrm{e}^{-\frac{k}{r}t}.$$

6. Erzeugung von Schwingungen

6.1. Erzwungene Schwingungen

6.1.1. Bewegungsgleichung

Schwingende Systeme können auf sehr verschiedenartige Weise periodisch angeregt werden, z.B. durch Stöße oder durch Bewegungen der Lagerpunkte. Die wesentlichen Merkmale solcher Vorgänge sind besonders einfach zu übersehen, wenn auf einen harmonischen Schwinger eine Kraft einwirkt, die sich zeitlich gemäß einer Sinusfunktion verändert. Erzwungene Schwingungen dieser Art treten oft bei Maschinen wegen der Unwucht rotierender Teile auf. Die Maschine mit ihrem elastisch gelagerten Fundament ist ein harmonischer Schwinger; die vertikale Komponente der Zentrifugalkraft, die infolge der Unwucht entsteht, ist die sinusförmige Kraft.

Die NEWTONsche Bewegungsgleichung für eine solche erzwungene Schwingung lautet

$$m\,a_y = F_{\mathrm{m}} \sin \omega t + r\,v_y - k\,y$$

oder

$$m\,\ddot{y} + r\,\dot{y} + k\,y = F_{\mathrm{m}} \sin \omega t. \tag{6.1}$$

F_{m} ist die Kraftamplitude, ω die Kreisfrequenz der Erregung. Von dieser ist die Eigenkreisfrequenz des Systems $\omega_0 = \sqrt{k/m}$ zu unterscheiden. Wie bei der freien gedämpften Schwingung wird eine zur Geschwindigkeit proportionale Reibungskraft vorausgesetzt.

6.1.2. Stationäre Bewegung

Aus Experimenten geht hervor, daß sich zu Beginn der Anregung i.allg. die Eigenschwingung des Systems und die erzwungene Schwingung überlagern. Die Eigenschwingung klingt infolge der Dämpfung ab, und es findet schließlich nur noch die erzwungene Schwingung mit der Frequenz des Erregers statt.

Weil fortwährend Energie zugeführt wird, vergrößert sich die Amplitude. Dieser Vorgang wird als *Aufschaukeln* bezeichnet. Schließlich wird die Energiezufuhr durch den Erreger von einem gleich großen Energieentzug durch Reibung begleitet. Die Amplitude der erzwungenen Schwingung ist dann konstant. Diese Schwingungsform wird *stationär* genannt. Für diesen Fall gilt das Ort-Zeit-Gesetz

$$y = y_{\mathrm{m}} \sin(\omega t - \varphi).$$

Die Amplitude y_{m} der erzwungenen Schwingung und ihr Phasenrückstand φ gegenüber der Erregung sind durch die physikalischen Merkmale des Schwingers und der erregenden Kraft bestimmt. Das wird jetzt mit Hilfe eines Zeigerdiagramms für die Bewegungsgleichung analysiert. Folgende Zeigergrößen sind zu berücksichtigen:

Größe	Zeiger	Betrag
Erregerkraft	$\underline{F}$	F_{m}
Rücktreibende Kraft	$\underline{F}_{\mathrm{E}} = -k\,\underline{y}$	$k\,y_{\mathrm{m}}$
Reibungskraft	$\underline{F}_{\mathrm{R}} = -r\,\underline{v}_y$	$r\,v_{\mathrm{m}} = r\,\omega\,y_{\mathrm{m}}$
Beschleunigung	$\underline{a}$	$a_{\mathrm{m}} = \omega^2\,y_{\mathrm{m}}$

Die Orientierungen der Zeiger $\underline{F}_{\mathrm{E}}$, $\underline{F}_{\mathrm{R}}$ und $\underline{a}$ folgen aus den Richtungsbeziehungen zwischen den Zeigern $\underline{y}$, $\underline{v}_y$ und $\underline{a}_y$, die in Beispiel 5 bestimmt wurden.
Nach der Bewegungsgleichung muß die Zeigersumme für $\underline{F}$, $\underline{F}_{\mathrm{E}}$ und $\underline{F}_{\mathrm{R}}$ den Zeiger für das Produkt $m\,\underline{a}$ liefern. Das entspricht dem Zeigerdiagramm Bild 44.

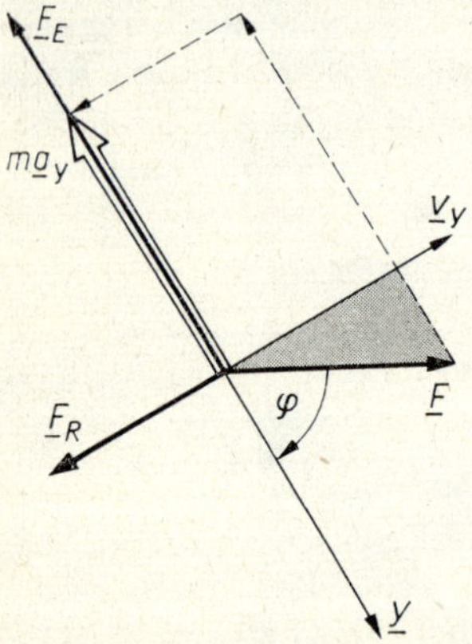

Bild 44

Für das gerasterte rechtwinklige Dreieck gilt mit den bereitgestellten Zeigerbeträgen

$$(k\, y_m - m\, \omega^2\, y_m)^2 + r^2\, \omega^2\, y_m{}^2 = F_m{}^2.$$

Hieraus folgt für die Amplitude der erzwungenen Schwingung

$$y_m = \frac{F_m}{\sqrt{(k - m\, \omega^2)^2 + r^2\, \omega^2}}\,.$$

Es ist zweckmäßig, mit $k = m\, \omega_0{}^2$ die Eigenkreisfrequenz des ungedämpften Systems einzuführen. So entsteht die gebräuchliche Form der Gleichung

$$y_m = \frac{F_m}{\sqrt{m^2\, (\omega_0{}^2 - \omega^2)^2 + r^2\, \omega^2}}\,. \tag{6.2}$$

An dem gleichen Dreieck ist ablesbar

$$\tan \varphi = \frac{r\, \omega\, y_m}{k\, y_m - m\, \omega^2\, y_m}\,,$$

$$\tan \varphi = \frac{r\, \omega}{m\, (\omega_0{}^2 - \omega^2)}\,. \tag{6.3}$$

Bild 45 zeigt das y_m, ω-Diagramm und das φ, ω-Diagramm zu den Gleichungen (6.2) und (6.3) bei schwacher Dämpfung.

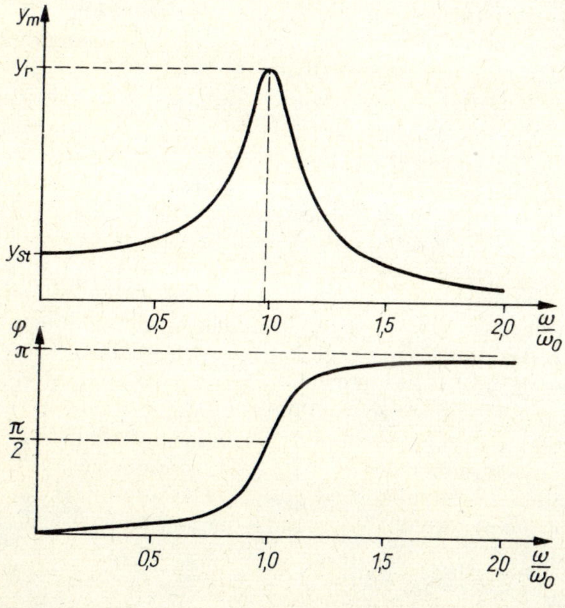

Bild 45

Beispiel 29

Der Motor aus Beispiel 6 wird mit der Umlauffrequenz $f = 5/\mathrm{s}$ betrieben. Hierbei tritt eine durch Unwucht bedingte Schwingung mit der Amplitude $y_\mathrm{m} = 3$ mm auf. Unter Vernachlässigung der Reibung ist die Kraftamplitude abzuschätzen.

Lösung

Mit $r = 0$ erhält man durch Umformen der Gleichung (6.2)

$$F_\mathrm{m} = m\, y_\mathrm{m} |(\omega_0{}^2 - \omega^2)|,$$

$$\underline{\underline{F_\mathrm{m} = 4\,\pi^2\, m\, y_\mathrm{m} |(f_0{}^2 - f^2)|.}}$$

Mit den aus Beispiel 6 bekannten Werten $m = 250$ kg und $f_0 = 7{,}4\ \mathrm{s}^{-1}$ ergibt sich

$$F_\mathrm{m} = 4\,\pi^2\, 250\ \mathrm{kg} \cdot 3 \cdot 10^{-3}\ \mathrm{m}\ (7{,}4^2 - 5^2)\ \mathrm{s}^{-2}$$

$$\underline{\underline{F_\mathrm{m} = 0{,}88\ \mathrm{kN}}}$$

6.1.3. Resonanz

Die Amplitude der stationären erzwungenen Schwingung wird besonders groß, wenn die Erregerfrequenz in die Umgebung der Eigenfrequenz des ungedämpften Systems gelangt. Diese Erscheinung wird als Resonanz bezeichnet. Der Graph in Bild 45 wird darum auch *Resonanzkurve* genannt.

Resonanzen können im Alltag beobachtet werden, z. B. als deutliches Mitschwingen von Fahrzeugteilen beim Anfahren. Bei manchen mechanischen Systemen, z. B. Brücken, muß *Resonanzkatastrophen* vorgebeugt werden: Infolge von großen Amplituden erzwungener Schwingungen können Zerstörungen auftreten. In der Nachrichtentechnik werden durch Resonanz aus Frequenzgemischen die gewünschten Frequenzen entnommen.

Das Maximum der Resonanzkurve liegt für kleine Dämpfung bei der Frequenz f_0 und verschiebt sich mit zunehmender Dämpfung zu kleineren Frequenzen hin (↗ Aufgabe 25). Bei sehr großer Dämpfung existiert keine Extremstelle mehr, und die Resonanzkurve fällt monoton.

Bei der folgenden Diskussion wird geringe Dämpfung vorausgesetzt. Die Resonanzamplitude beträgt in diesem Falle

$$y_\mathrm{r} = \frac{F_\mathrm{m}}{r\, \omega_0}.$$

Die Amplitude für $\omega = 0$ ist die statische Auslenkung des Systems durch die Kraftamplitude F_m:

$$y_{st} = \frac{F_m}{m\,\omega_0^2} = \frac{F_m}{k}.$$

Aus beiden Amplituden ergibt sich die *Resonanzüberhöhung*

$$\frac{y_r}{y_{st}} = \frac{\omega_0\,m}{r} = \frac{\omega_0}{2\,\delta}.$$

Bei der Amplitude $y_r/\sqrt{2}$ ist die Energie des Schwingers halb so groß wie im Resonanzfall. Die Breite der Resonanzkurve an dieser Stelle kennzeichnet die *Resonanzschärfe*. Eine Näherungsrechnung ergibt

$$\Delta\,\omega = \delta.$$

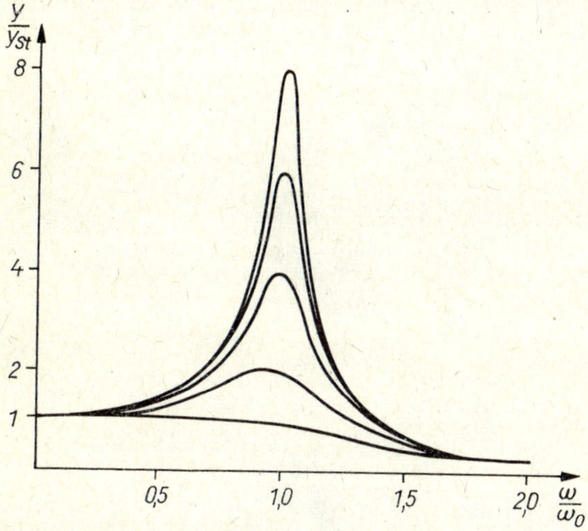

Bild 46

Die Resonanzüberhöhung ist somit der Resonanzschärfe umgekehrt proportional. Das wird auch durch die Schar von Resonanzkurven (Bild 46) verdeutlicht.

Die Phasenbeziehung zwischen Schwinger und Erregerkraft für den Resonanzfall ($\varphi = \pi/2$) wird durch Bild 47 erläutert. Die Kraft wirkt ständig in Richtung der Geschwindigkeit des Schwingers. Das bedingt dauernde Energiezufuhr und führt zu einer Resonanzkatastrophe, wenn nicht gleichzeitig genügend Energie durch Reibung entzogen wird. Bei Phasendifferenzen $\varphi \neq \pi/2$ wirkt die Erregerkraft zeitweise der Schwingung entgegen, und es kommt zu einem Pendeln von Energie zwischen Erreger und Schwinger.

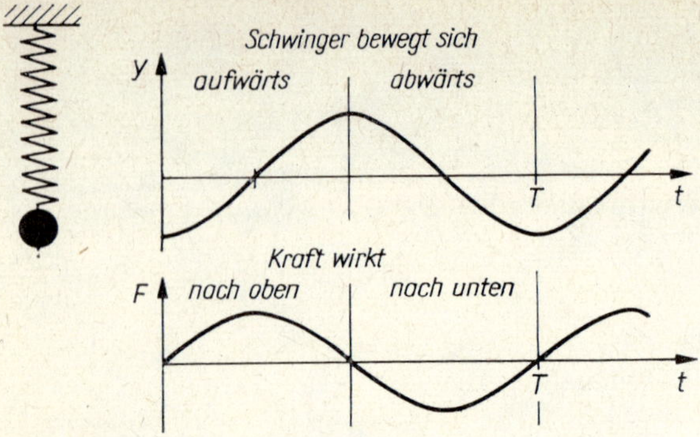

Bild 47

Beispiel 30

Der Motor aus Beispiel 29 erreiche im Resonanzfall die Amplitude 25 mm. Für diesen Fall sind zu berechnen:

1. die Resonanzüberhöhung,
2. die Dämpfungskonstante,
3. das logarithmische Dekrement.

Lösung

Mit der Richtgröße $k = 5{,}4 \cdot 10^5$ N/m aus Beispiel 6 und der Kraftamplitude $F_m = 880$ N aus Beispiel 29 erhält man

$$y_{st} = \frac{F_m}{k} = 1{,}6 \cdot 10^{-3}\ \text{mm},$$

$$\underline{\underline{\frac{y_r}{y_{st}} = 12{,}5.}}$$

Damit gewinnt man die Dämpfungskonstante

$$\delta = \frac{y_{st}}{y_r}\,\frac{\omega_0}{2},$$

$$\underline{\underline{\delta = \frac{y_{st}}{y_r}\,\pi f_0,}}$$

$$\underline{\underline{\delta = 1{,}86.}}$$

Bei der Berechnung des logarithmischen Dekrements wird die Näherung $T \approx T_0$ benutzt:

$$\Lambda = \delta\, T = \delta\, T_0,$$

$$\underline{\underline{\Lambda = \frac{y_{st}}{y_r}\,\pi,}}$$

$$\underline{\underline{\Lambda = 0{,}25.}}$$

Bei einer freien gedämpften Schwingung des Systems würde somit $y_{m,i}/y_{m,i+1} = 1{,}3$ gelten.

6.2. Parametrische Anregung

Die Eigenschaften schwingender Systeme werden durch bestimmte Parameter gekennzeichnet. Solche Größen sind z.B. Masse, Richtgröße und Pendellänge. Die parametrische Anregung besteht darin, einen Parameter periodisch zu ändern. Eine bereits vorhandene Schwingung des Systems kann auf diese Weise verstärkt werden. Diese Anregungsform tritt bei mechanischen Systemen gelegentlich unerwünscht auf und hat in der Optik große Bedeutung erlangt.

Beispiel 31

Ein Fadenpendel schwingt mit kleiner Amplitude. Die Pendellänge wird bei jedem Nulldurchgang um $\Delta l \ll l$ verkleinert und in den Extremlagen wieder auf den ursprünglichen Wert vergrößert.
Wie groß ist die Energie, die dem schwingenden System hierdurch während einer Periodendauer zugeführt wird?

Lösung

Der Weg des Pendelkörpers während einer Periodendauer ist in Bild 48 skizziert. Vereinfachend wurde angenommen, daß die Längenänderungen in einer Zeitdauer erfolgen, die klein gegenüber der Periodendauer ist.

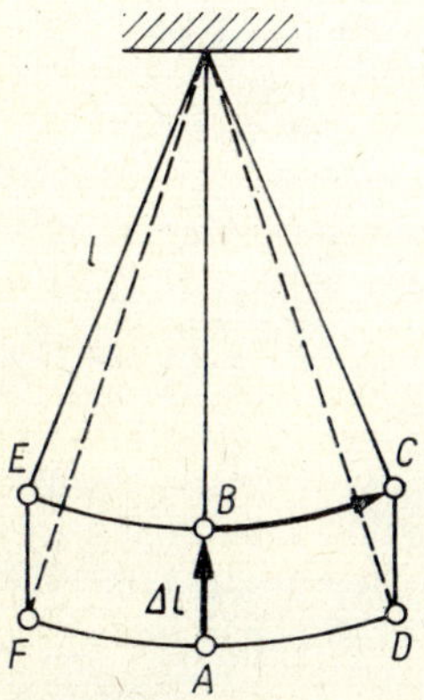

Bild 48

Die Änderungen der potentiellen Energie des Pendelkörpers beim Hub AB und nachfolgenden Senken CD bzw. EF heben sich auf. Deshalb besteht die Energiezufuhr nur in jener Arbeit, die bei der zweimaligen Verkürzung AB gegen die Zentrifugalkraft verrichtet werden muß

$$\Delta E = 2 F_{\mathrm{Z}} \Delta l = 2 \frac{m v_{\mathrm{m}}^2}{l} \Delta l.$$

Mit

$$\frac{1}{2} m v_{\mathrm{m}}^2 = E_{\mathrm{km}} = E$$

erhält man

$$\Delta E = 4 E \frac{\Delta l}{l}$$

Die während einer Periodendauer zugeführte Energie ΔE ist der bereits vorhandenen Energie des Schwingers E proportional. Man spricht in diesem Zusammenhang von *parametrischer Resonanz*. Da mit der Länge auch die Eigenfrequenz beeinflußt wird, schwingt das Pendel bei der parametrischen Anregung nicht mehr streng harmonisch; das gilt erst recht, wenn größere Amplituden erreicht werden.

6.3. Selbststeuerung

Bei der stationären erzwungenen Schwingung werden die Energieverluste des Systems ausgeglichen, indem vom Erreger periodisch Energie zugeführt wird. Bei der Selbststeuerung oder auch Selbsterregung wird das schwingende System benutzt, eine solche periodische Energiezufuhr zu steuern. Für diese Form der Anregung sind somit eine *Energiequelle* und ein *Steuerorgan* erforderlich. Die Vielfalt der Realisierungsmöglichkeiten ist sehr groß. Besonders wichtige Beispiele sind Pendel und Unruh von Uhren mit den dazugehörigen Hemmungssystemen. Als Energiequellen dienen hierbei gehobene Körper oder gespannte Federn. Die Sinusform der Schwingung wird bei diesen Systemen nur unwesentlich beeinträchtigt.
Eine besondere Gruppe bilden die *Reibschwingungen*. Solche selbstgesteuerten Schwingungen werden bei Saiteninstrumenten durch Energiezufuhr mit dem Bogen ausgelöst. Ähnliches gilt für die Quietschgeräusche bei reibender Bewegung. Im Maschinenbau wird hier die Bezeichnung *Stick-slip-Schwingung* benutzt. Aus der Elektrotechnik seien schließlich noch die *Rück-*

kopplungsschaltungen mit Transistoren oder Röhren genannt, mit denen elektromagnetische Schwingungen erzeugt werden. Das Problem der Selbststeuerung soll jetzt an einem Beispiel genauer betrachtet werden.

Beispiel 32

Das Feder-Masse-System (Bild 49) führt auf dem laufenden Band infolge des Wechsels von Gleit- und Haftreibung selbstgesteuerte Schwingungen aus. Dieser Vorgang ist qualitativ zu diskutieren.

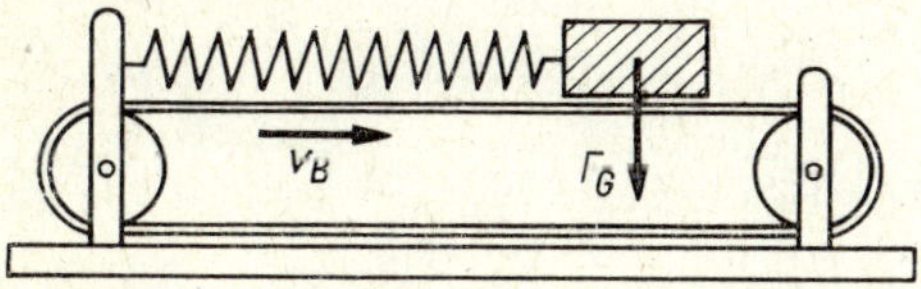

Bild 49

Lösung

Mit hinreichend großer Bandgeschwindigkeit werde zunächst Haftreibung ausgeschlossen. Der Körper nimmt dabei eine Gleichgewichtslage ein, in der sich Federkraft und Gleitreibungskraft aufheben. Wenn dieses Gleichgewicht gestört wird, beginnt eine harmonische Schwingung mit der Eigenkreisfrequenz $\omega = \sqrt{k/m}$. Die ständig nach rechts gerichtete Gleitreibungskraft spielt hierbei die gleiche Rolle wie die Gewichtskraft beim hängenden Feder-Masse-System (↗ Beispiel 2).

Während einer solchen Schwingung werde auf eine kleine Bandgeschwindigkeit umgeschaltet. In diesem Falle kommt es zu einem »Kraftschluß« durch Haftreibung, sobald der Körper relativ zum Bande ruht. Er behält dann seine Lage auf dem Band und bewegt sich mit dessen Geschwindigkeit weiter. Dabei wird die Feder gespannt. Wenn die Federkraft den Maximalwert der Haftreibung erreicht, beginnt wieder ein Abschnitt der harmonischen Schwingung bis zum nächsten »Kraftschluß«.

Das Ort-Zeit-Diagramm für diese selbstgesteuerte Schwingung ist in Bild 50 dargestellt. Periodendauer und zeitlicher Ablauf sind gegenüber der Eigenschwingung des Systems deutlich verändert.

Das betrachtete System kann z. B. als Modell für die Anregung von Saiten mit einem Bogen dienen. Weil die vorausgesetzten Coulombschen Reibungsgesetze nur annähernd gültig sind, erweisen sich reale Systeme dieser Art als komplizierter.

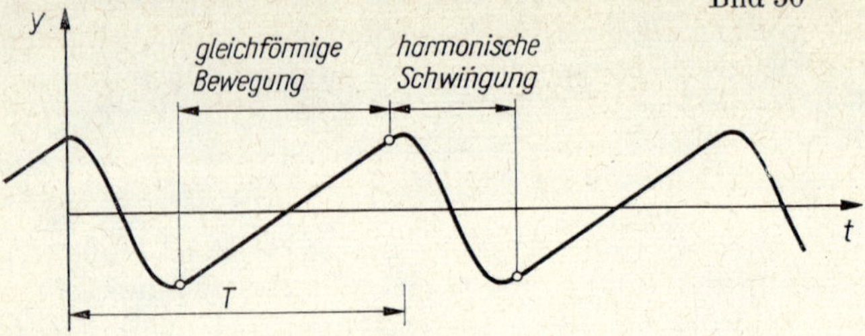

Bild 50

6.4. Kippschwingungen

Wenn das Band bei dem Reibungsschwinger nach Bild 49 sehr langsam läuft, wird der zugehörige Graph zu einer Sägezahnkurve gemäß Bild 2. Die Bewegung kann in diesem Falle als Kippschwingung bezeichnet werden. Die Masse des Systems hat kaum noch Einfluß auf den Vorgang. Sie könnte sogar beliebig klein sein, wenn das freie Ende der Feder auf andere Weise gegen das Band gedrückt würde. Kippschwingungen beruhen auf dem periodischen Wechsel zwischen dem Aufladen und zumeist schnellen Entladen eines Energiespeichers durch eine Energiequelle. Die Periodendauer ist im wesentlichen durch die Lade- und Entladezeit bestimmt.
Ein weiterer mechanischer Kippschwinger, der z. B. bei Wasserspielen verwendet wird, ist in Bild 51 dargestellt.

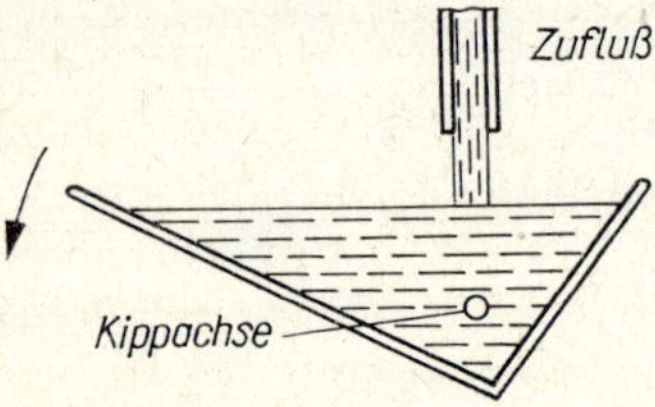

Bild 51

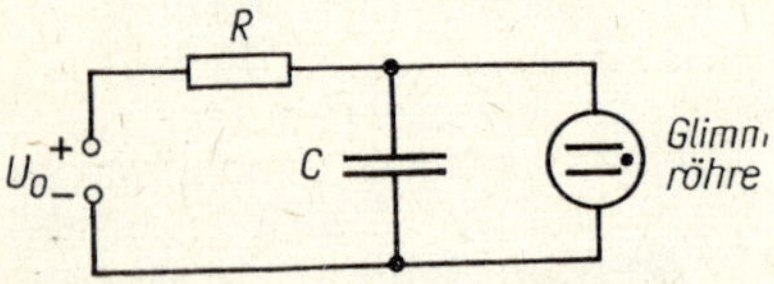

Bild 52

Das elektrische Analogon kann mit Hilfe einer Glimmröhre aufgebaut werden (Bild 52). Der Kondensator wird von der Spannungsquelle (Urspannung U_0) aufgeladen. Wenn dabei die

Spannung U_z erreicht ist, zündet die Glimmröhre, und ihr Widerstand, der zuvor sehr groß war, geht gegen Null. Der Kondensator entlädt sich über diesen Kurzschluß, bis die Glimmröhre bei der Spannung $U_l < U_z$ erlischt. Danach setzt wieder der Ladevorgang ein. Die Periodendauer ist durch die *Zeitkonstante* RC und die drei Spannungen bestimmt:

$$T = R\,C \ln \frac{U_0 - U_l}{U_0 - U_z}.$$

Aufgaben

21. Entwickeln Sie ein Diagramm für den Zusammenhang zwischen ω und δ bei der freien gedämpften Schwingung.
22. Bei einer gedämpften Schwingung werden die aufeinanderfolgenden Maximalausschläge gleicher Richtung gemessen:

$$y_{1\,\mathrm{m}} = 163\ \mathrm{mm},\ y_{2\,\mathrm{m}} = 98\ \mathrm{mm},\ y_{3\,\mathrm{m}} = 59\ \mathrm{mm}.$$

Weisen Sie nach, daß sich die Amplitude nach einer Exponentialfunktion verändert, und bestimmen Sie das logarithmische Dekrement!
23. Für welche Zeitpunkte werden bei der gedämpften Schwingung $y = y_A\,\mathrm{e}^{-\delta t} \sin \omega\, t$ die Extremwerte erreicht?
24. Ein Feder-Masse-System hat die Eigenfrequenz 1 Hz. Der kugelförmige Körper des Schwingers (Radius $R = 0{,}5$ cm, $m = 1{,}4$ g) soll von einer Flüssigkeit gedämpft werden, so daß der aperiodische Grenzfall eintritt. Welche dynamische Viskosität muß die Flüssigkeit erhalten?
25. Untersuchen Sie, wie die Lage des Maximums der Resonanzkurve von der Dämpfung des Systems abhängt!
26. Unter welcher Voraussetzung besitzt die Resonanzkurve keine relative Extremstelle?
27. Welche Besonderheit zeigt die Resonanzkurve für $r = 0$?
28. Bei welcher Frequenz hat die Geschwindigkeitsamplitude der stationären erzwungenen Schwingung ihr Maximum?
29. Erläutern Sie die Selbststeuerung am Beispiel des Gleichstromweckers (WAGNERscher Hammer)!
30. Durch welche Maßnahmen können Resonanzkatastrophen vermieden werden?

7. Systeme mit mehreren Eigenschwingungen

7.1. Gekoppelte Schwinger

Bei den erzwungenen Schwingungen wurde die Rückwirkung des Schwingers auf den Erreger nicht verfolgt. Dieses Problem steht bei gekoppelten Schwingern im Vordergrund.

Versuch

Zwei Stangenpendel gleicher Beschaffenheit werden auf die gleiche Eigenfrequenz abgestimmt. Die Pendel werden mit einer dünnen, ungespannten Schraubenfeder verbunden (Bild 53). Sie bilden dadurch ein System gekoppelter Schwinger.

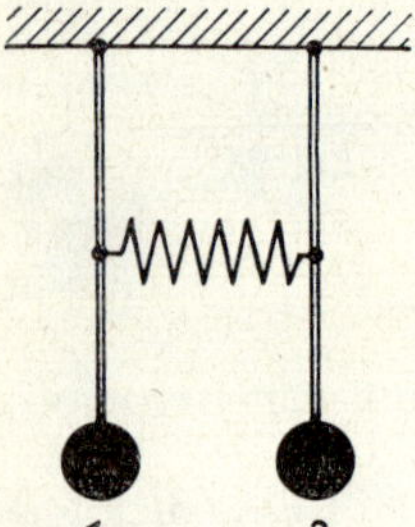

Bild 53

Das linke Pendel wird angestoßen. Seine Schwingung regt auch das rechte Pendel an. Dessen Amplitude wächst an; das linke Pendel kommt allmählich zur Ruhe und nur das rechte schwingt. Anschließend läuft der gleiche Vorgang mit vertauschten Rollen beider Pendel ab. Diese wechselseitige Anregung setzt sich fort, bis die Schwingungen durch Dämpfung abgeklungen sind.
Bild 54 zeigt das y, t-Diagramm für beide Pendel, darunter ist dargestellt, wie sich die Energien der Pendel zeitlich ändern. Man erkennt, daß die Schwingungsenergie periodisch zwischen beiden Pendeln ausgetauscht wird.
Die y, t-Diagramme deuten darauf hin, daß bei dem Experiment Schwebungen stattfinden (↗ 4.2.4.). Die Vorgänge beruhen in der Tat auf der Überlagerung zweier Schwingungen

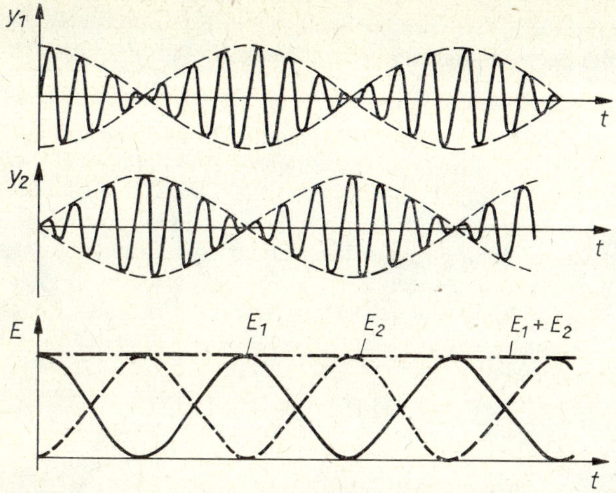

Bild 54

mit kleinem Frequenzunterschied. Hierbei handelt es sich um die beiden Eigenschwingungen des Systems. Sie werden in diesem Zusammenhang auch *Haupt-*, *Fundamental-* oder *Normalschwingungen* genannt. Bei diesen Schwingungsformen wird keine Energie zwischen den Pendeln ausgetauscht (Bild 55).

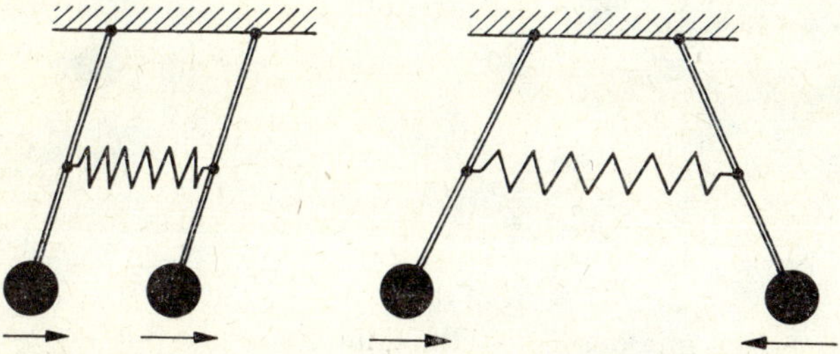
Bild 55

Antisymmetrische Eigenschwingung

Die Pendel schwingen in gleicher Phase. Die Frequenz f_{as} ist gleich der Eigenfrequenz beider Pendel. Die Kopplung ist unwirksam.

Symmetrische Eigenschwingung

Die Pendel schwingen mit der Phasendifferenz π. Die Federkraft wirkt dabei zusätzlich rücktreibend. Daher gilt $f_{sy} > f_{as}$. Das Ergebnis des Versuchs kann nunmehr in folgender Form interpretiert werden:

Beide Pendel führen zugleich die symmetrische und die antisymmetrische Eigenschwingung aus. Dadurch entstehen bei jedem Pendel Schwebungen mit der Frequenz

$$f_s = f_{sy} - f_{as}.$$

Die hier diskutierten Vorgänge treten auch bei anderen gekoppelten Systemen aus zwei Schwingern mit gleicher Eigenfrequenz auf. Sie können für Ketten aus vielen gekoppelten Schwingern verallgemeinert werden. Dabei vergrößert sich die Anzahl der Eigenschwingungen des Systems entsprechend. Am Modell solcher Ketten werden z.B. die Schwingungen der atomaren Bausteine von Kristallgittern untersucht. Auf dieser Grundlage können u.a. die spezifischen Wärmekapazitäten der Stoffe erklärt werden.

Beispiel 33

Mit Hilfe eines Schlingertanks können die Schwingungen eines Schiffes um seine Längsachse gedämpft werden. Bild 56 zeigt ein solches System in vereinfachter Form.
Die Wirkungsweise ist zu erläutern.

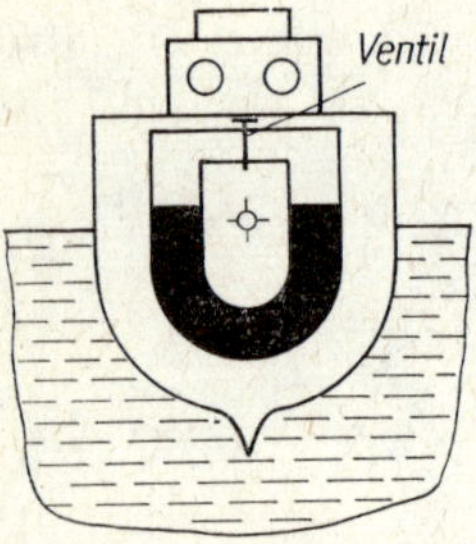

Bild 56

Lösung

Das Schiff bildet mit der Flüssigkeit im Tank ein System gekoppelter Schwinger. Die Schwingung der Flüssigkeitssäule muß auf die Frequenz der Schiffsschwingungen abgestimmt werden (↗ Beispiel 15). Wenn die Schwingung der Säule mit einem engen Ventil stark gedämpft wird, gelangt nur ein kleiner Teil der Energie, die durch Kopplung übernommen wird, an den Schiffskörper zurück.

7.2. Saitenschwingungen

Die gespannte Saite mit vernachlässigbarer Biegesteife ist ein typisches Beispiel für einen Schwinger, bei dem Masse und elastische Eigenschaften nicht trennbar sind. Die Saite kann als Grenzfall einer Kette sehr vieler gekoppelter Schwinger betrachtet werden. Darum sind sehr viele Eigenschwingungen zu erwarten. Diese können auf folgende Weise nachgewiesen werden:

Versuch

Eine Stahlsaite wird mit einem wechselstromgespeisten Elektromagnet zu erzwungenen Schwingungen angeregt. Die Frequenz wird allmählich gesteigert. Dabei treten deutliche Resonanzen auf. Die Erregerfrequenz stimmt in solchen Fällen mit einer der Eigenfrequenzen überein. Bei stroboskopischer Beleuchtung sind auch die Schwingungsformen erkennbar, wenn die Lichtblitze mit der Saitenfrequenz aufeinanderfolgen.
Die Ergebnisse sind in Bild 57 dargestellt. Die Saite nimmt bei ihrer Schwingung in Zeitabständen $T/2$ die Form der beiden Sinuskurven ein.

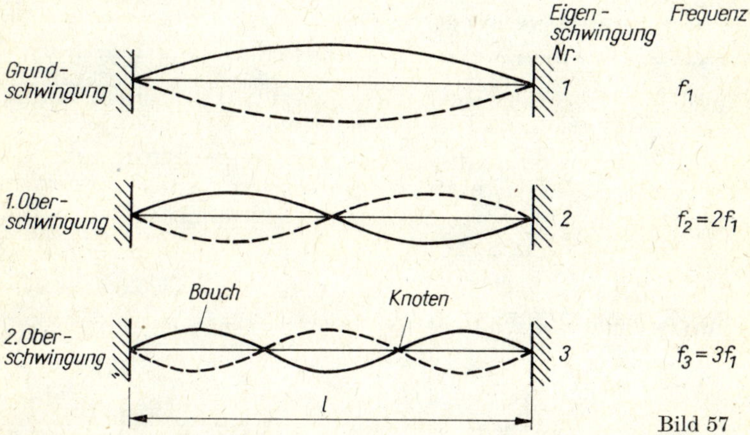

Bild 57

Schwingungsknoten befinden sich an den ständig ruhenden Punkten der Saite,
Schwingungsbäuche befinden sich an den Extremstellen der Sinuskurven.
Die Frequenzen der Eigenschwingungen höherer Ordnung sind ganzzahlige Vielfache der Frequenz der 1. Eigenschwingung (Grundschwingung).
Die mathematische Darstellung erfordert eine Funktion mit den beiden unabhängigen Variablen Zeit und x-Koordinate des Saitenpunktes. Für die n-te Eigenschwingung gilt die Ort-Zeit-

Funktion

$$y = y_B \sin\left(\pi\, n\, \frac{x}{l}\right) \sin\,(n\, \omega_1\, t).$$

Sie drückt aus: Die Punkte der Saite führen harmonische Schwingungen mit der Kreisfrequenz $n\,\omega_1$ aus. Deren Amplitude hängt gemäß einer Sinusfunktion von der x-Koordinate ab. y_B ist die Amplitude in den Schwingungsbäuchen.
Bei beliebiger Anregung der Saite, z. B. durch Zupfen oder mit Hilfe eines Bogens, werden viele Eigenschwingungen gleichzeitig ausgelöst. Sie überlagern sich zu einer resultierenden Schwingung. Die Saite liefert in diesem Falle nicht einen einzelnen Ton bestimmter Frequenz, sondern einen Klang, ein Frequenzgemisch. Dieses zu gestalten ist ein wesentlicher Teil der Kunst, Saiteninstrumente zu spielen.
Die Frequenz der Grundschwingung wird jetzt anhand eines einfachen Modells abgeschätzt. Die Saite habe die Länge l, den Querschnitt A, die Dichte ϱ und die Zugspannung σ. Die Saitenmasse wird durch eine in der Mitte angebrachte Ersatzmasse $m_{\mathrm{ers}} = \frac{1}{2}\, A\, l\, \varrho$ vertreten. Bei der in Bild 58 dargestellten Verformung liefern die beiden an m_{ers} angreifenden Spannkräfte $F_s = \sigma\, A$ die rücktreibende Resultierende F_y:

$$\frac{F_y}{2\, F_s} = -\frac{y}{\frac{l}{2}},$$

$$F_y = -\frac{4\, F_s}{l}\, y = -\, k\, y.$$

Auf Grund dieses Kraftgesetzes findet eine harmonische Schwingung statt mit der Eigenfrequenz

$$f = \frac{1}{2\,\pi} \sqrt{\frac{k}{m_{\mathrm{ers}}}} = \frac{1}{2{,}22\, l} \sqrt{\frac{\sigma}{\varrho}}.$$

Die exakte Rechnung führt demgegenüber zu den Eigenfrequenzen

$$f_1 = \frac{1}{2\, l} \sqrt{\frac{\sigma}{\varrho}},$$

$$f_n = \frac{n}{2\, l} \sqrt{\frac{\sigma}{\varrho}}.$$

Durch die Abschätzung werden bei befriedigender quantitativer Übereinstimmung die physikalischen Zusammenhänge richtig erschlossen.

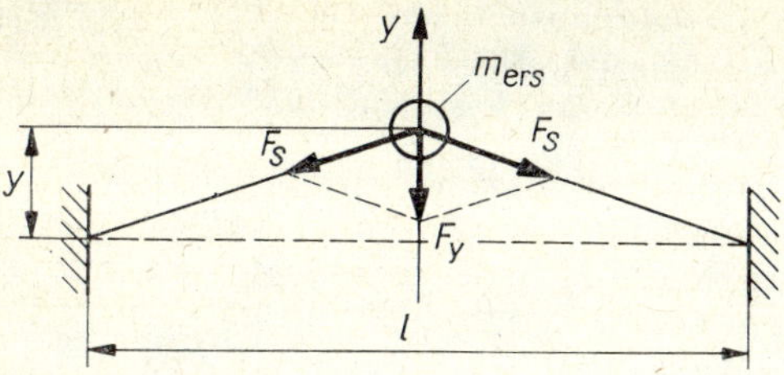

Bild 58

Beispiel 34

Die dünnste Gitarrensaite wird auf die Grundfrequenz 330 Hz gestimmt. Die Saite ist 62 cm lang und hat den Durchmesser 0,30 mm. Die Dichte des Stahls beträgt $7{,}8 \cdot 10^3\ \mathrm{kg/m^3}$. Zugspannung und Zugkraft sind zu berechnen.

Lösung

Aus der Gleichung für die Frequenz der Grundschwingung folgt

$$\sigma = f_1^2\, 4\, l^2\, \varrho,$$

$$\sigma = 1{,}3 \cdot 10^9\ \mathrm{Pa} = 1{,}3\ \mathrm{GPa}.$$

Dieser Wert liegt schon recht nahe an der Zugfestigkeit. Für die Kraft erhält man

$$F = \sigma A,$$

$$F = \frac{\pi}{4}\sigma d^2,$$

$$F = 92\ \mathrm{N}.$$

Man erkennt, daß die Holzkonstruktion des Instruments bei dickeren Saiten durch die großen Zugkräfte überlastet wäre.

7.3. Schwingungen elastischer Festkörper

7.3.1. Longitudinalschwingungen

Als Longitudinalschwingung oder Längsschwingung wird die periodische Änderung der Länge eines zylindrischen Körpers bezeichnet. Diese Schwingungsform kann z. B. bei Quarzen oder anderen piezoelektrischen Körpern auftreten, die als Ultraschallgeber eingesetzt werden.
Bei der Grundschwingung ist die Mittelebene Knotenebene. Grund- und Deckfläche schwingen harmonisch gegeneinander.

Dort befinden sich Schwingungsbäuche. Die Verteilung der Knoten und Bäuche bei den weiteren Eigenschwingungen wird durch Bild 59 erläutert. Für die Frequenz der n-ten Eigenschwingung gilt

$$f_n = \frac{n}{2l}\sqrt{\frac{E}{\varrho}},$$

E Elastizitätsmodul des Stabes,
ϱ Dichte des Stabes.

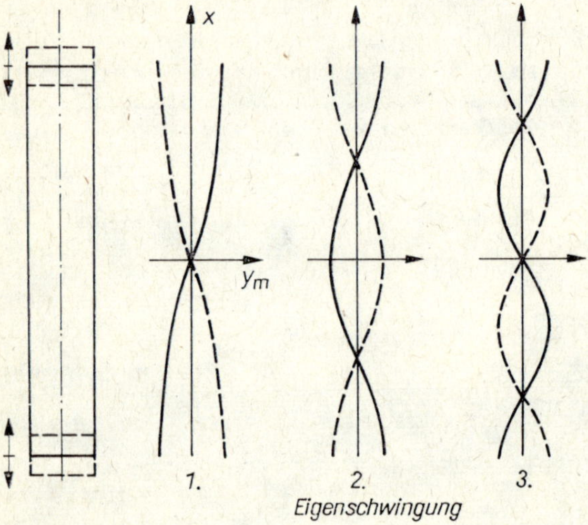

Bild 59

Form und Größe des Querschnitts haben keinen Einfluß auf die Eigenfrequenzen. Wenn der Stab in der Mittelebene eingespannt wird, können sich nur die Eigenschwingungen mit ungerader Ordnungszahl ausbilden.

7.3.2. Biegeschwingungen

Ein elastischer Stab sei einseitig eingespannt und werde zu Biegeschwingungen angeregt. Die Frequenz der Grundschwingung soll wieder mit Hilfe eines Modells abgeschätzt werden. Der Stab habe folgende Merkmale:

Länge l,
Querschnitt A,
Dichte ϱ.

Flächenträgheitsmoment in bezug auf die Biegeachse I,

Die Stabmasse wird durch einen Massenpunkt mit $m_{\text{ers}} = \frac{1}{4} A l \varrho$ ersetzt, der sich am Stabende befindet.

Wenn das Stabende um y ausgelenkt wird, entsteht dort die rücktreibende elastische Kraft

$$F_y = -\frac{3\,E\,I}{l^3}\,y = -k\,y.$$

Damit sind wieder die Bedingungen für eine harmonische Schwingung gegeben. Die Eigenfrequenz beträgt

$$f = \frac{1}{2\pi}\sqrt{\frac{k}{m_{\text{ers}}}} = \frac{\sqrt{3}}{\pi}\,\frac{1}{l^2}\sqrt{\frac{I}{A}}\cdot\sqrt{\frac{E}{\varrho}}.$$

Die exakte Rechnung führt zur selben Gleichung mit dem Faktor 0,560 statt $\sqrt{3}/\pi = 0{,}551$.
Für einen Kreisquerschnitt mit dem Durchmesser d hat der Formfaktor den Wert $\sqrt{I/A} = d/4$.
Anders als bei den Saitenschwingungen und Longitudinalschwingungen sind die Frequenzen der Oberschwingungen bei den Biegeschwingungen nicht mehr ganzzahlige Vielfache der Grundfrequenz. Verhältnisse solcher Art findet man z. B. auch bei Stimmgabeln.

Beispiel 35

Bei der Mundharmonika oder dem Akkordeon werden Messingzungen zur Schallerzeugung angewendet. Ein solcher Biegeschwinger habe folgende Eigenschaften:

Länge $l = 14{,}5$ mm, Dicke $d = 0{,}2$ mm,
Elastizitätsmodul $E = 103$ GPa,
Dichte $\varrho = 8{,}5\cdot 10^3$ kg/m³.

Welche Frequenz hat die Grundschwingung?

Lösung

Mit der Zungenbreite b gilt $A = b\cdot d$ und $I = b\,d^3/12$. Daraus ergibt sich der Formfaktor $\sqrt{I/A} = d/\sqrt{12}$.
Durch Anwendung der Gleichung für die Grundfrequenz erhält man

$$f_1 = \frac{0{,}560}{\sqrt{12}}\,\frac{d}{l^2}\sqrt{\frac{E}{\varrho}},$$

$$f_1 = 535\ \text{Hz}.$$

7.4. Schwingende Gassäulen

Bei den Blasinstrumenten und den Pfeifen der Orgel werden schwingende Luftsäulen zur Schallerzeugung genutzt. Diese Schwingungen können z.B. mit einem Luftstrom angeregt werden. An der Kante des Rohres oder einer angeblasenen Schneide (»Lippe«) lösen sich in regelmäßiger Folge Wirbel ab. So entstehen periodische Druckschwankungen am Eingang des Rohres. Auf diesen Vorgang wirken die entstehenden Schwingungen zurück. So entwickelt sich eine Selbststeuerung der Energiezufuhr.
Die Eigenschwingungen einer Luftsäule in einem Rohr, das an beiden Enden offen ist, entsprechen genau den Longitudinalschwingungen eines elastischen Zylinders (↗ 7.3.1.). Für die Eigenfrequenzen gilt

$$f_n = \frac{n}{2l}\sqrt{\varkappa \frac{p}{\varrho}};$$

$\varkappa$ Adiabatenexponent des Gases,
p Gasdruck,
ϱ Gasdichte.

Hier kommt zum Ausdruck, daß die mit dem Schwingungsvorgang verbundenen schnellen Kompressionen und Expansionen adiabatisch verlaufen. Bei der Größe $c = \sqrt{\varkappa \frac{p}{\varrho}}$ handelt es sich um die Schallgeschwindigkeit in dem Gas.
Bei ungeraden Ordnungszahlen liefert die Gleichung auch die Eigenfrequenzen einer einseitig abgeschlossenen Gassäule der Länge $l/2$.

Beispiel 36

In einer GALTON-pfeife wird eine einseitig abgeschlossene Luftsäule zu Schwingungen mit der Grundfrequenz 25 kHz angeregt. Die Schallgeschwindigkeit in Luft beträgt 340 m/s.
Welche Länge muß die Säule haben?

Lösung

$$l = \frac{1}{2}\,\frac{c}{2f}, \quad l = \frac{340\ \text{m s}}{4\ \text{s}\ 25 \cdot 10^3},$$

$$l = 3{,}4\ \text{mm}.$$

Aufgaben

31. Bei dem System gekoppelter Pendel (Bild 53) wird die Federkonstante vergrößert. Welchen Einfluß hat das auf die Schwebungen?
32. An einem Fadenpendel mit großer Masse hängt ein weiteres Fadenpendel gleicher Länge mit kleiner Masse. Welche Besonderheit weisen die gekoppelten Schwingungen bei diesem System auf?
33. Die Zugfestigkeit der Saite aus Beispiel 34 beträgt 1,7 GPa. Mit welcher Grundfrequenz schwingt die Saite unmittelbar vor dem Zerreißen?
34. Welche Frequenz hat die Grundschwingung einer einseitig abgeschlossenen Luftsäule der Länge 19 cm?

8. Elektrische Schwingungen

8.1. Freie elektrische Schwingungen

8.1.1. Elektrische Schwingkreise

Stromkreise, die aus einem Kondensator (Kapazität C), einer Spule (Induktivität L) und im allgemeinen auch einem Widerstand R aufgebaut sind, werden als elektrische Schwingkreise bezeichnet. In solchen Systemen können durch einmalige oder auch periodische Anregung elektrische Schwingungen ausgelöst werden. Diese bestehen in periodischen Änderungen von elektrischen Ladungen, Stromstärken und Spannungen sowie von elektrischen und magnetischen Feldern. Die beweglichen Ladungsträger (Elektronen) führen dabei mechanische Schwingungen aus.

Versuch

Ein Kondensator mit großer Kapazität ($C = 100\,\mu F$) und eine Spule mit großer Induktivität (große Windungszahl, geschlossener Eisenkern, $L = 16$ H) werden nach Bild 60 zu einem Schwingkreis verbunden.

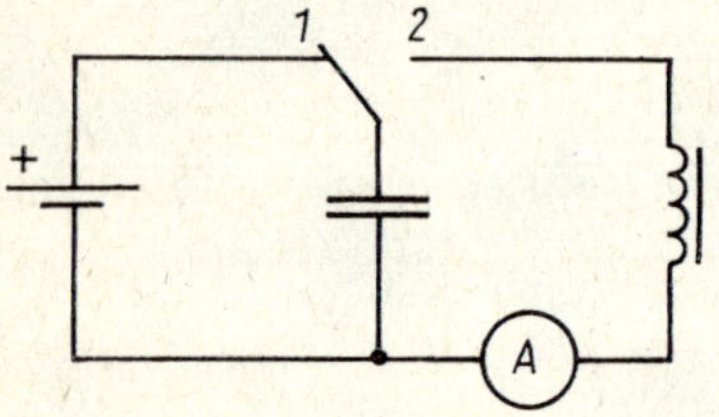

Bild 60

Schalterstellung 1: Der Kondensator wird von der Gleichspannungsquelle geladen.
Schalterstellung 2: Der Schwingkreis ist geschlossen. Der Zeiger des Strommessers (Nullpunkt in Skalenmitte) pendelt um die Mittellage. Die Ausschläge werden allmählich kleiner. Das Gerät zeigt einen Wechselstrom sehr kleiner Frequenz an, dessen Amplitude mit der Zeit abnimmt. Der gesamte Vorgang im

Schwingkreis ist eine *freie, gedämpfte elektrische Schwingung.* Ähnlich wie bei mechanischen Schwingungen findet im Schwingkreis eine *periodische Energieumwandlung* statt:
Beim Aufladen wird im Kondensator elektrische Feldenergie gespeichert. Der Entladestrom erzeugt in der Spule ein Magnetfeld. Die Feldenergie des Kondensators geht dabei in magnetische Feldenergie über.
Beim Zerfall des Magnetfeldes entsteht eine Selbstinduktionsspannung. Diese führt zum erneuten Aufladen des Kondensators. Der beschriebene Ablauf setzt erneut ein. Da elektrische Ströme fließen, wird jeweils ein Teil der vorhandenen Energie durch die Widerstände der Spule und der Leitungen sowie den Verlustwiderstand des Kondensators in JOULEsche Wärme umgewandelt. Die Dämpfung der Schwingungen wird somit durch die Widerstände im Schwingkreis verursacht.

8.1.2. Analogien zwischen elektrischen und mechanischen Schwingungen

Die grundlegenden Beziehungen für elektrische Schwingkreise und Schwingungen werden jetzt in Analogie zu gleichartigen mechanischen Systemen und Vorgängen entwickelt. Dieses Vorgehen hat zugleich einen wichtigen methodischen Aspekt. Mechanische Schwinger können als Modelle für elektrische Schwingkreise benutzt werden; komplizierte mechanische Systeme lassen sich elektrisch simulieren. Das wird u.a. bei der Analyse elektromechanischer Wandler (Lautsprecher, Mikrofone) genutzt, bei denen elektrische und mechanische Schwingungen verkoppelt werden.
Die Energie E eines elektrischen Schwingkreises läßt sich als Summe der elektrischen und magnetischen Feldenergie darstellen:

$$\frac{1}{2} L\, i^2 + \frac{1}{2} \frac{q^2}{C} = E.$$

(Als Formelzeichen für die Momentanwerte zeitlich veränderlicher Stromstärken, Ladungen und Spannungen werden hier und im folgenden Kleinbuchstaben als Formelzeichen verwendet).
Differenzieren nach der Zeit führt zu

$$\frac{1}{2} L \cdot 2\, i \frac{\mathrm{d}i}{\mathrm{d}t} + \frac{1}{2C}\, 2\, q \frac{\mathrm{d}q}{\mathrm{d}t} = \frac{\mathrm{d}E}{\mathrm{d}t}.$$

Da die zeitliche Abnahme der Schwingungsenergie durch einen

Widerstand R im Schwingkreis verursacht wird, gilt

$$\frac{\mathrm{d}E}{\mathrm{d}t} = -i^2 R.$$

Damit folgt aus der Energiebilanz die Schwingungsgleichung

$$L\frac{\mathrm{d}i}{\mathrm{d}t} + R\,i + \frac{1}{C}q = 0. \qquad (8.1)$$

Die Analogie zur Bewegungsgleichung eines gedämpften mechanischen Schwingers tritt nach einer weiteren Umformung hervor:

$$L\frac{\mathrm{d}^2 q}{\mathrm{d}t^2} + R\frac{\mathrm{d}q}{\mathrm{d}t} + \frac{1}{C}q = 0;$$

$$m\frac{\mathrm{d}^2 y}{\mathrm{d}t^2} + r\frac{\mathrm{d}y}{\mathrm{d}t} + k\,y = 0.$$

Die einander entsprechenden Größen sind in der folgenden Tabelle zusammengestellt.

Mechanische Schwingung		Elektrische Schwingung	
Masse	m	Induktivität	L
Dämpfungskonstante	r	Widerstand	R
Richtgröße	k	reziproke Kapazität	$\frac{1}{C}$
Ortskoordinate (Elongation)	y	Ladung des Kondensators	q
Geschwindigkeit	$v_y = \frac{\mathrm{d}y}{\mathrm{d}t}$	Stromstärke	$i = \frac{\mathrm{d}q}{\mathrm{d}t}$
Beschleunigung	$a_y = \frac{\mathrm{d}v_y}{\mathrm{d}t}$	Zeitableitung der Stromstärke	$\frac{\mathrm{d}i}{\mathrm{d}t}$
Kraft	F_y	Spannung	u
kinetische Energie $E_\mathrm{k} = \frac{1}{2} m v^2$		magnetische Feldenergie $E_\mathrm{magn} = \frac{1}{2} L i^2$	
potentielle Energie $E_\mathrm{p} = \frac{1}{2} k y^2$		elektrische Feldenergie $E_\mathrm{el} = \frac{1}{2C} q^2$	

Hieraus können die Gleichungen für den Ablauf elektrischer Schwingungen und deren Kenngrößen gefolgert werden:
Ladung und Spannung für den Schwingkreiskondensator

$$q = q_A\,\mathrm{e}^{-\delta t} \sin(\omega t + \varphi),$$

$$u = u_A\,\mathrm{e}^{-\delta t} \sin(\omega t + \varphi),$$

Eigenkreisfrequenz des ungedämpften Schwingkreises

$$\omega_0 = \frac{1}{\sqrt{LC}},$$

Abklingkonstante

$$\delta = \frac{R}{2L},$$

Eigenkreisfrequenz des gedämpften Schwingkreises

$$\omega = \sqrt{\omega_0^2 - \delta^2} = \sqrt{\frac{1}{LC} - \left(\frac{R}{2L}\right)^2} .$$

Beispiel 37

Für den im Versuch (↗ 8.1.1.) benutzten Schwingkreis mit $L = 16$ H und $C = 100\ \mu$F sind zu berechnen:
Die Eigenfrequenz bei Vernachlässigung der Dämpfung,
die Abklingkonstante,
die Eigenfrequenz und das logarithmische Dekrement beim Dämpfungswiderstand $R = 200\ \Omega$,
der Dämpfungswiderstand R_{ap} im aperiodischen Grenzfall.

Lösung

$$f_0 = \frac{1}{2\pi\sqrt{LC}},$$

$$f_0 = \frac{1}{2\pi\sqrt{16\ \frac{\text{V s}}{\text{A}}\ 100 \cdot 10^{-6}\ \frac{\text{A s}}{\text{V}}}},$$

$$f_0 = 4{,}0\ \text{Hz}.$$

$$\delta = \frac{R}{2L},$$

$$\delta = \frac{200\ \text{V A}}{2\ \text{A}\ 16\ \text{V s}}$$

$$\delta = 6{,}3\ \text{s}^{-1}.$$

$$\omega = \sqrt{\omega_0^2 - \delta^2},$$

$$f = \sqrt{f_0^2 - \left(\frac{\delta}{2\pi}\right)^2},$$

$$f = 3{,}9\ \text{Hz}.$$

$$\Lambda = \frac{\delta}{f},$$

$$\Lambda = 1{,}6.$$

Hieraus folgt für das Verhältnis aufeinanderfolgender Amplituden der Stromstärke $i_{m,1}/i_{m,2} = 5$.
Im aperiodischen Grenzfall gilt

$$\delta_{ap} = \omega_0,$$

$$\frac{R_{ap}}{2L} = \frac{1}{\sqrt{LC}},$$

$$R_{ap} = 2\sqrt{\frac{L}{C}},$$

$$R_{ap} = 800\,\Omega.$$

8.2. Wechselstromkreise

8.2.1. Harmonische Wechselspannungen und -ströme

Die Vorgänge in elektrischen Schwingkreisen lassen sich auch als die Erzeugung von Wechselspannungen und -strömen betrachten. Für technische Anwendungen werden jedoch konstante Amplituden und größere Leistungen benötigt. Diese Forderungen sind im wesentlichen auf zwei Arten erfüllbar.

Wechselstromgeneratoren

Diese elektrischen Maschinen liefern durch Umwandlung mechanischer Energie große Wechselspannungen und entwickeln Leistungen bis zu Größenordnungen von Gigawatt. In Energieversorgungsnetzen wird überwiegend die Frequenz 50 Hz benutzt.
Ein Grundprinzip für solche Generatoren ist in Bild 61 dargestellt. Eine Leiterschleife rotiert mit der Winkelgeschwindig-

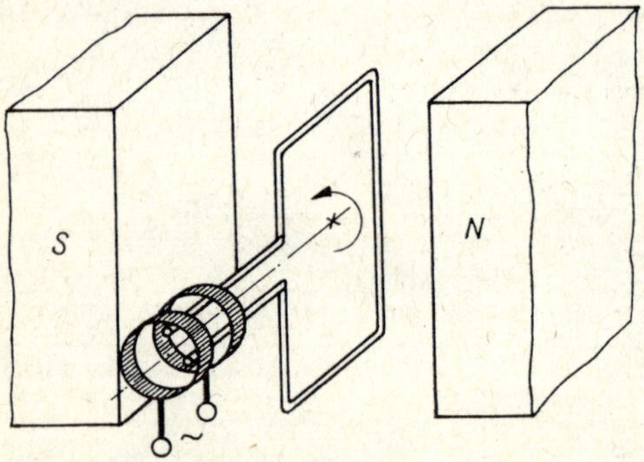

Bild 61

keit ω in einem homogenen Magnetfeld der Induktion B. Aus dem Induktionsgesetz folgt, daß in der Schleife dabei eine sinusförmige Wechselspannung entsteht

$$U_{\mathrm{ind}} = B\,A\,\omega \sin \omega\,t = U_{\mathrm{m}} \sin \omega\,t.$$

Oszillatorschaltungen

Bei hohen Frequenzen, wie sie in der Nachrichtentechnik benötigt werden, wendet man das Prinzip der Selbststeuerung an. Bild 62 zeigt eine Schaltung solcher Art. Durch die *Rückkopplung* über einen Transformator übernimmt der Transistor die

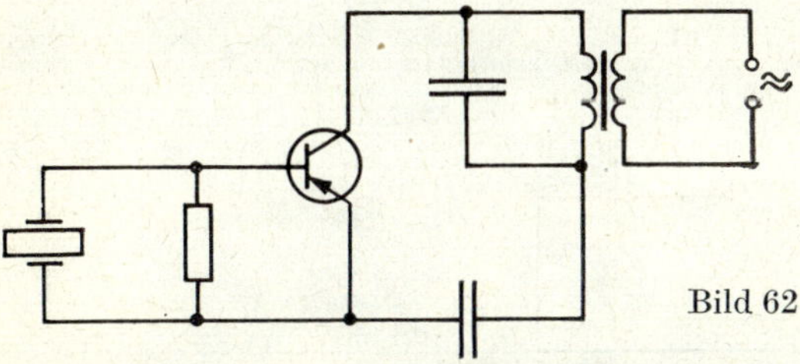

Bild 62

periodische Energiezufuhr an den Schwingkreis. Dieser ist als Spannungsquelle zu betrachten. Mit Hilfe eines Quarzes wird die Frequenz stabilisiert. Quarze sind piezoelektrische Kristalle. Sie führen mechanische Schwingungen aus, wenn an geeignete Flächen eine Wechselspannung gelegt wird. Die mechanischen Eigenfrequenzen sind sehr stabil und wirken auf die angelegte Spannung zurück.

In beiden Fällen entstehen harmonische (sinusförmige) Wechselspannungen und -ströme

$$u = U_{\mathrm{m}} \sin (\omega\,t + \varphi_u),$$

$$i = I_{\mathrm{m}} \sin (\omega\,t + \varphi_i).$$

Dafür werden teilweise veränderte Bezeichnungen und zusätzliche Größen herangezogen:

u, i	Augenblickswerte (Momentanwerte) der Wechselspannung und -stromstärke,
U_{m}, I_{m}	Maximalwerte von Spannung und Stromstärke (Scheitelspannung und -stromstärke oder auch Spitzenspannung und -stromstärke).
φ_u, φ_i	Nullphase für Spannung und Stromstärke,

$U = \frac{U_m}{\sqrt{2}}, I = \frac{I_m}{\sqrt{2}}$ Effektivwerte von Spannung und Stromstärke. Diese Größen werden über die Leistung im Wechselstromkreis definiert (↗ 8.2.5.).

8.2.2. Wechselstromwiderstände

Die Schwingungsgleichung (8.1) ist zugleich die Formulierung des Maschensatzes (2. KIRCHHOFFsches Gesetz) für den Schwingkreis. Das wird noch deutlicher, wenn eine Wechselspannungsquelle im Kreis liegt (Bild 63). In diesem Falle gilt

$$u_L + u_R + u_C = u,$$

$$L\frac{\mathrm{d}i}{\mathrm{d}t} + R\,i + \frac{1}{C}\,q = U_m \sin(\omega t + \varphi_u).$$

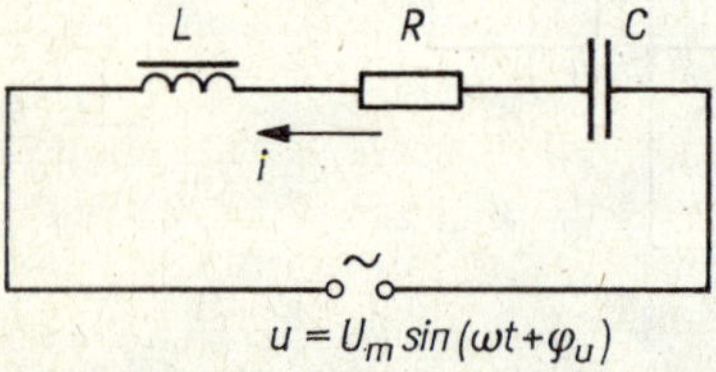

Bild 63

Die Analogie mit Gleichung (6.1) führt zu der Einsicht:
Der elektrische Schwingkreis wird durch eine Wechselspannung zu erzwungenen Schwingungen angeregt.
Wie im mechanischen Beispiel werden im folgenden nur stationäre Schwingungen untersucht. Dieser Vorgang wird jetzt als das Fließen eines Wechselstroms unter dem Einfluß der angelegten Wechselspannung betrachtet. Es wird das Ziel verfolgt, den Zusammenhang zwischen Spannung und Stromstärke aufzufinden.
Die Lösung gründet sich auf zwei miteinander verknüpfte Voraussetzungen:

- Die sinusförmigen Größen i und u werden als Zeiger dargestellt.
  Dabei werden die Ergebnisse aus Beispiel 5 aufgegriffen: Ableitung einer Zeigergröße nach der Zeit bedeutet Drehung des Zeigers um 90° im positiven Sinn und Multiplikation mit ω.
- Es werden Wechselstromwiderstände eingeführt.

Wirkwiderstand

Diese Bezeichnung erhält jetzt der bereits im Gleichstromkreis definierte Widerstand R. Aus der Beziehung

$$u_R = i\,R$$

geht hervor, daß die Zeiger für u_R und i die gleiche Richtung haben. Am Wirkwiderstand R befinden sich u und i in gleicher Phase. Somit gilt

$$R = \frac{U_{mR}}{I_m} = \frac{U_R}{I}.$$

Induktiver Widerstand

Aus der Beziehung

$$u_L = L\frac{\mathrm{d}i}{\mathrm{d}t}$$

folgt für die Beträge der Zeigergrößen $\underline{u}$ und $\underline{i}$

$$U_{Lm} = L\,I_m\,\omega.$$

Darauf beruht die Definition für den induktiven Widerstand

$$X_L = \frac{U_{Lm}}{I_m} = \frac{U_L}{I} = \omega\,L.$$

Die Richtungsbeziehung zwischen den Zeigern $\underline{i}$ und $\underline{u}$ geht aus Bild 64 hervor:

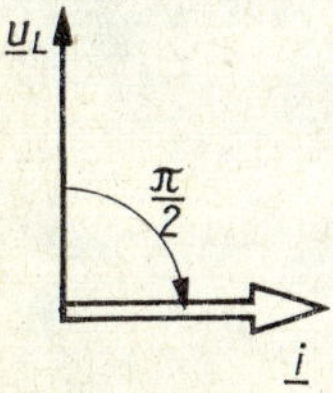

Bild 64

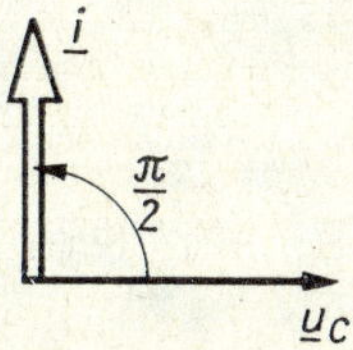

Bild 65

Am induktiven Widerstand hat die Stromstärke gegenüber der Spannung den Phasenrückstand $\pi/2$.

Kapazitiver Widerstand

Aus $u_C = q/C$ oder $q = C\,u_C$ entsteht durch Ableitung nach der Zeit die Beziehung zwischen den Momentanwerten von Stromstärke und Spannung

$$i = C\frac{\mathrm{d}u_C}{\mathrm{d}t}.$$

Für die Beträge der Zeigergrößen gilt damit

$$I_m = \omega\,C\,U_m.$$

Das führt zur Definition für den kapazitiven Widerstand

$$X_C = \frac{U_{Cm}}{I_m} = \frac{U_C}{I} = \frac{1}{\omega C}.$$

Die Richtungsbeziehung zwischen den Zeigern ist in Bild 65 dargestellt:

Am kapazitiven Widerstand hat die Stromstärke gegenüber der Spannung den Phasenvorsprung $\pi/2$.

Induktiver und kapazitiver Widerstand erhalten die gemeinsame Bezeichnung *Blindwiderstand*. Darin kommt zum Ausdruck, daß in diesen Wechselstromwiderständen keine JOULEsche Wärme entwickelt wird. Die Einheit Ohm wird auch für Blindwiderstände verwendet.

In der Übersicht (Bild 66) sind die Ergebnisse zusammengefaßt und durch die Angabe der Blindleitwerte ergänzt.

Wirkwiderstand	Blindwiderstände	
	induktiv	kapazitiv
R	$X_L = \omega L$	$X_C = \dfrac{1}{\omega C}$
Wirkleitwert	**Blindleitwerte**	
	induktiv	kapazitiv
$G = \dfrac{1}{R}$	$B_L = \dfrac{1}{X_L} = \dfrac{1}{\omega L}$	$B_C = \dfrac{1}{X_C} = \omega C$

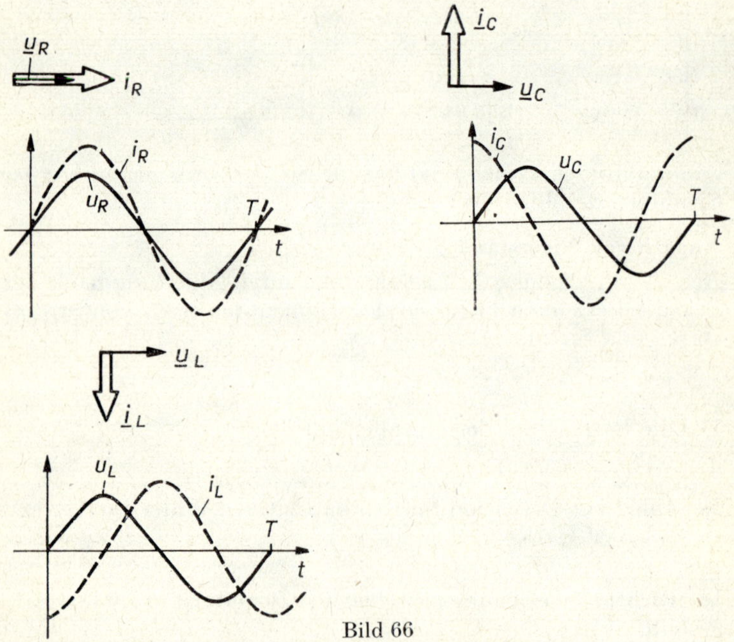

Bild 66

8.2.3. Reihen- und Parallelschaltung

Das Zusammenwirken von Wechselstromwiderständen läßt sich ähnlich wie im Gleichstromkreis auf Reihen- und Parallelschaltungen zurückführen. Hierbei sind die Phasenbeziehungen zu beachten.

Die Zeiger für Spannungen bzw. Stromstärken müssen geometrisch addiert werden. Die entstehenden Ersatzgrößen bezeichnet man als *Scheinwiderstand* $Z = \frac{U}{I}$ und *Scheinleitwert* $Y = \frac{I}{U}$.

Die im folgenden entwickelten Ergebnisse können auch für zwei Widerstände spezialisiert werden.

Reihenschaltung

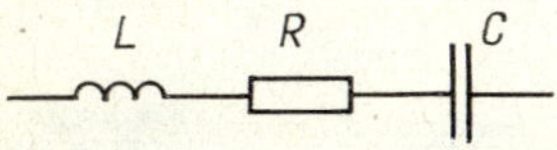

Bild 67

In den Wechselstromwiderständen herrscht die gleiche Momentanstromstärke.

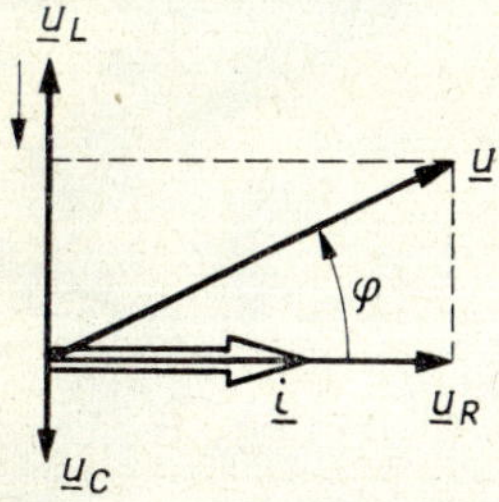

Bild 69

Zeigerdiagramm (Bild 69)

Beziehung zwischen den Spannungen

$$U = \sqrt{U_R^2 + (U_L - U_C)^2}$$

Scheinwiderstand

$$Z = \sqrt{R^2 + (X_L - X_C)^2}$$

Parallelschaltung

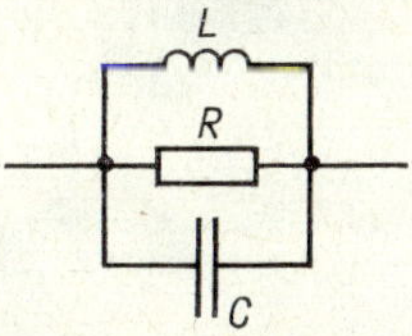

Bild 68

An den Wechselstromwiderständen liegt die gleiche Spannung.

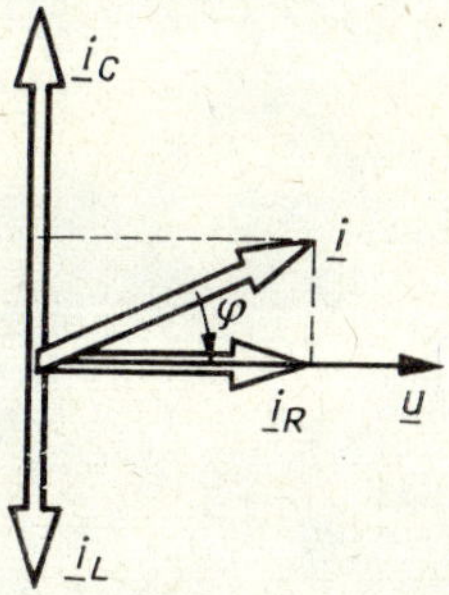

Bild 70

Zeigerdiagramm (Bild 70)

Beziehung zwischen den Stromstärken

$$I = \sqrt{I_R^2 + (I_C - I_L)^2}$$

Scheinleitwert

$$Y = \sqrt{G^2 + (B_C - B_L)^2}$$

Phasenbeziehung

$$\cos \varphi = \frac{X_L - X_C}{Z}$$

Phasenbeziehung

$$\cos \varphi = \frac{B_C - B_L}{Y}$$

Beispiel 38

Die Reihenschaltung von $R = 60\ \Omega$, $L = 0{,}75$ H, $C = 40\ \mu$F liegt an einer harmonischen Wechselspannung mit $U = 220$ V, $f = 50$ Hz.
Es sind zu berechnen:
die Blindwiderstände, der Scheinwiderstand, die Stromstärke, die Spannungen an den einzelnen Wechselstromwiderständen sowie die Phasenverschiebung zwischen u und i.

Lösung

Blindwiderstände:

$$X_L = \omega L, \qquad X_C = \frac{1}{\omega C},$$

$$X_L = 2\pi f L, \qquad X_C = \frac{1}{2\,\omega f C},$$

$$X_L = 236\ \Omega; \qquad X_C = 80\ \Omega.$$

Scheinwiderstand:

$$Z = \sqrt{R^2 + (X_L - X_C)^2},$$

$$Z = \sqrt{60^2 + (236 - 80)^2},$$

$$Z = 167\ \Omega$$

Stromstärke:

$$I = \frac{U}{Z},$$

$$I = 1{,}32\ \text{A}.$$

Einzelspannungen:

$$U_R = I\,R, \qquad U_L = I\,X_L, \qquad U_C = I\,X_C,$$

$$U_R = 79\ \text{V}, \qquad U_L = 312\ \text{V}, \qquad U_C = 106\ \text{V}.$$

Phasenverschiebung:

$$\cos \varphi = \frac{R}{Z}, \qquad \varphi = \arccos \frac{R}{Z}, \qquad \varphi = 69°.$$

Wegen $X_L > X_C$ liefert die Reihenschaltung eine induktive Belastung; die Stromstärke bleibt um φ gegenüber der Spannung zurück.

Beispiel 39

Die Schaltung aus Beispiel 38 ist als Reihenschwingkreis zu betrachten. Im Resonanzfall stimmt die Eigenfrequenz des ungedämpften Kreises mit der Frequenz der anliegenden Wechselspannung überein.
Wie muß die Kapazität verändert werden, damit dieser Fall eintritt?
Wie groß sind dann die Spannungen an den Blindwiderständen?

Lösung

Aus der Gleichung für die Eigenkreisfrequenz $\omega_0{}^2 = \frac{1}{LC}$ folgt $\omega_0 L = \frac{1}{\omega_0 C}$ oder $X_{L0} = X_{C0}$. Im Resonanzfall haben induktiver und kapazitiver Blindwiderstand den gleichen Betrag; der gesamte Blindwiderstand wird Null. Das wird erreicht mit der neuen Kapazität

$$C' = \frac{1}{\omega_0{}^2 L} = \frac{1}{4\pi^2 f^2 L},$$

$$C' = 13{,}5\ \mu\text{F}.$$

Für den Scheinwiderstand im Resonanzfall gilt $Z_0 = R$. Daraus folgt $I_0 = U/R$ und

$$U_{L0} = U_{C0} = U\frac{\omega L}{R} = U\frac{X_L}{R}$$

$$U_{L0} = U_{C0} = 0{,}87\ \text{kV}.$$

Die Spannungsüberhöhung beträgt $U_{L0}/U = U_{C0}/U = 3{,}9$.

8.2.4. Komplexe Widerstände

Die in 2.5. erläuterte Methode, Zeiger als komplexe Größen darzustellen, wird in der Wechselstromtheorie systematisch ausgebaut. Am Beispiel der Reihenschaltung sollen die Vorteile erläutert werden, die das Arbeiten mit komplexen Spannungen, Stromstärken und Widerständen bietet.
Aus dem in 8.2.2. entwickelten Maschensatz für eine Reihenschaltung von Induktivität, Widerstand und Kapazität folgt

durch Ableiten nach der Zeit

$$L \frac{d^2 i}{d t^2} + R \frac{d i}{d t} + \frac{1}{C} i = \frac{d u}{d t}.$$

Hier werden die komplexen Größen

$$\underline{i} = I_m e^{j \omega t}, \qquad \underline{u} = U_m e^{j(\omega t + \varphi)}$$

mit ihren Ableitungen

$$\frac{d \underline{i}}{d t} = j \omega \underline{i}, \qquad \frac{d \underline{u}}{d t} = j \omega \underline{u},$$

$$\frac{d^2 \underline{i}}{d t^2} = (j \omega)^2 \underline{i}$$

eingesetzt. Das führt zu

$$L (j \omega)^2 \underline{i} + R j \omega \underline{i} + \frac{1}{C} \underline{i} = j \omega \underline{u}.$$

Durch Umstellen erhält man

$$\frac{\underline{u}}{\underline{i}} = j \omega L + \frac{1}{j \omega C} + R.$$

Anhand dieser Gleichung werden definiert:

$X_L^{\angle} = j \omega L$ als komplexer induktiver Widerstand,

$X_C^{\angle} = \frac{1}{j \omega C}$ als komplexer kapazitiver Widerstand,

$Z^{\angle} = \frac{\underline{u}}{\underline{i}}$ als komplexer Scheinwiderstand.

Damit gilt in formaler Übereinstimmung zur Reihenschaltung von Widerständen im Gleichstromkreis

$$Z^{\angle} = X_L^{\angle} + R + X_C^{\angle}.$$

Die Beträge der komplexen Widerstände sind identisch mit den in 8.2.2. eingeführten Wechselstromwiderständen.

Durch Erweitern des komplexen kapazitiven Widerstandes mit j erhält man

$$Z^{\angle} = R + j \left(\omega L - \frac{1}{\omega C} \right),$$

$$Z = \sqrt{\mathrm{Re}\,(Z)^2 + \mathrm{Im}\,(Z)^2},$$

$$Z = \sqrt{R^2 + \left(\omega L - \frac{1}{\omega C} \right)^2}.$$

Auch die Phasenbeziehung folgt aus dem komplexen Widerstand.

$$\cos \varphi = \frac{\mathrm{Re}\,(Z)}{Z} = \frac{R}{Z}.$$

8.2.5. Leistung im Wechselstromkreis

Momentanleistung p

Diese kann ebenso wie im Gleichstromkreis als Produkt von Spannung und Stromstärke dargestellt werden. Wenn zwischen u und i die Phasenverschiebung φ besteht, gilt

$$p = u\,i = U_\mathrm{m} \sin(\omega t + \varphi)\, I_\mathrm{m} \sin \omega t.$$

Mit Hilfe des Additionstheorems für $\sin(\alpha + \beta)$ und unter Verwendung von Effektivwerten folgt daraus

$$p = 2\,U\,I \sin^2 \omega t \cos \varphi + 2\,U\,I \cos \omega t \sin \varphi \sin \omega\, t,$$

$$p = 2\,U\,I \cos \varphi \sin^2 \omega t + U\,I \sin \varphi \sin 2\omega t.$$

Dieses Ergebnis führt zu drei weiteren Leistungsgrößen:

Wirkleistung P

Sie ist als zeitlicher Mittelwert der Momentanleistung definiert. Gemittelt wird für eine Periodendauer; das Ergebnis kann hinreichend genau für eine beliebige Zeitdauer $t \gg T$ benutzt werden. Die in p enthaltenen zeitabhängigen trigonometrischen Funktionen haben für eine Periodendauer die Mittelwerte (Bild 71)

$$\overline{\sin^2 \omega t} = 0{,}5, \qquad \overline{\sin 2\,\omega t} = 0.$$

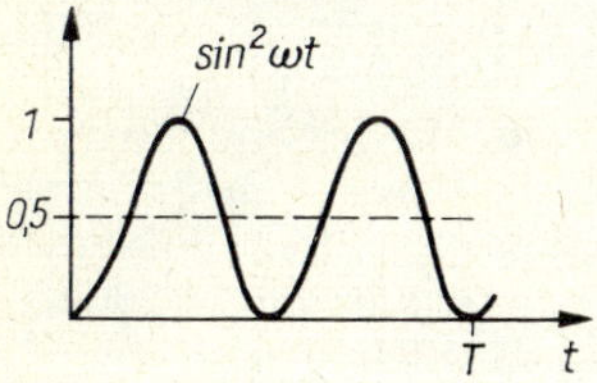

Bild 71

Damit gilt

$$P = U\,I \cos \varphi.$$

Die Größe $\cos \varphi$ wird dabei Leistungsfaktor genannt. Wegen $\cos \varphi = R/Z$ ergibt sich weiter

$$P = \frac{U\,I\,R}{Z} = I^2\,R;$$

die Wirkleistung ist allein durch die Stromstärke und den Wirkwiderstand bestimmt.

Blindleistung P_q

Diese Bezeichnung erhält die Amplitude des zweiten Summanden der Momentanleistung:

$P_\mathrm{q} = U\,I \sin \varphi.$

Mit dieser Größe wird das Pendeln der Energie erfaßt, das mit der Kreisfrequenz $2\,\omega$ zwischen der Spannungsquelle und den Blindwiderständen stattfindet.

Scheinleistung P_s

Diese wird als das Produkt der Effektivwerte von Spannung und Stromstärke definiert:

$$P_s = U\,I.$$

In der Elektrotechnik werden die drei Leistungen durch verschiedene Schreibweise der gemeinsamen Einheit Watt gekennzeichnet:

	Name der Einheit	Einheitenzeichen
Wirkleistung P	Watt	W
Blindleistung P_q	Var (von Voltampère réactif)	var
Scheinleistung P_s	Voltampere	VA

Aufgaben

35. Eine Glühlampe (Leistung 40 W, Betriebsspannung 110 V) soll in Reihe mit einem Kondensator an die Spannung 220 V, 50 Hz gelegt werden. Welche Kapazität ist zu wählen, damit die Betriebsspannung eingehalten wird?
36. Für die in Beispiel 38 angegebenen Wechselstromwiderstände ist der Ersatzwiderstand einer Parallelschaltung zu bestimmen.
37. An der Reihenschaltung von $R = 100\,\Omega$ und $C = 200$ nF liegt eine Wechselspannung mit dem Effektivwert 100 V. Wie groß ist die Spannung am kapazitiven Widerstand bei den Frequenzen 50 Hz, 1 kHz und 100 kHz?
38. Stellen Sie in einem Diagramm dar, wie der Scheinwiderstand und die Stromstärke bei einer Reihenschaltung R, L, C von der Frequenz abhängen!
39. In einem Rundfunkempfänger hat der Drehkondensator des Schwingkreises die Kapazität $C_{max} = 800$ pF. Welche Induktivität und welche minimale Kapazität müssen vorhanden sein, damit Eigenfrequenzen von $f_{min} = 525$ kHz bis $f_{max} = 1605$ kHz einstellbar sind?
40. Eine Drosselspule hat die Induktivität 0,3 H. Der Wirkwiderstand des Drahtes beträgt $R = 6{,}2\,\Omega$. Welche Werte haben bei der Frequenz 50 Hz Scheinwiderstand und Leistungsfaktor für die Spule?

Lösungen

1. siehe Bild 72

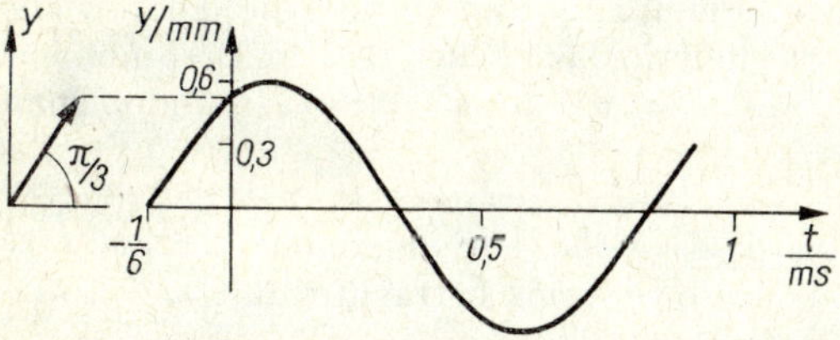

Bild 72

2. Die maximale Beschleunigung des Siebes bei der Bewegung abwärts muß größer als die Fallbeschleunigung werden.

$$f > \frac{1}{2\pi}\sqrt{\frac{g}{y_m}}\,; \quad f > 2{,}2\ \mathrm{Hz}$$

3. $k_F = \frac{1}{4} k = \pi^2 f^2 m = 15\ \mathrm{kN/m}$

4. $\frac{1}{2} m\, v_m{}^2 = 2 \cdot \frac{1}{2} k_P\, y_m{}^2; \quad k_P = v_m{}^2\, m/(2\, y_m{}^2)$

5. $E_p = \frac{1}{2} k\, y^2 - m\, g\, y;$

$$\frac{\mathrm{d}E_p}{\mathrm{d}y} = k\,y - m\,g; \quad \frac{\mathrm{d}E_p}{\mathrm{d}y} = 0 \text{ gilt für } y = \frac{m\,g}{k} = y_G$$

6. $\frac{1}{2} k\, y^2 + \frac{1}{2} m\, v_y{}^2 = \frac{1}{2} k\, y_m{}^2; \quad \frac{\mathrm{d}y}{\sqrt{y_m{}^2 - y^2}} = \sqrt{\frac{k}{m}}\,\mathrm{d}t;$

$$\operatorname{arcsin}\left(\frac{y}{y_m}\right) = \sqrt{\frac{k}{m}}\,t + C; \quad y = y_m \sin\left(\sqrt{\frac{k}{m}}\,t + C\right)$$

7. $y = y_m \sin \omega t,\ p_y = m\, v_y = m\, y_m\, \omega \cos \omega t$
Das ist die Parameterdarstellung einer Ellipsengleichung. Die Hauptachsen der Ellipse sind y_m und $m\,\omega\, y_m = p_m$.

8. Das Rad wird als dünner Reifen (Masse m_1, Radius r) betrachtet, auf dem sich ein zusätzlicher Massenpunkt m_2 befindet. Für dieses physische Pendel gilt

$$J_A = (m_1 + m_2)\, r^2,\ s = m_2\, r/(m_1 + m_2),\ T = 2\pi\sqrt{\frac{(m_1 + m_2)\, r}{m_2\, g}}.$$

9. Mit $J_A = m\,l^2/3$ und $s = l/2$ gilt $T = 2\,\pi\sqrt{\dfrac{2\,l}{3\,g}}$;

$$l = \frac{3\,T^2\,g}{8\,\pi^2} = 954\ \text{mm}.$$

Die zweite Achse ist $l^* = \dfrac{2}{3}\,l$ von der ersten entfernt. Sie teilt die Stablänge im Verhältnis 1:2.

10. Das Pendel schwingt unter dem Einfluß der Schwerkraftkomponente $F_n = m\,g\cos\alpha$. In den Gleichungen für die Periodendauer ist g durch $g\cos\alpha$ zu ersetzen.

11. Bei einer kleinen Drehung um φ werden die Federn um $l\,\varphi/2$ verformt. Sie liefern das rücktreibende Drehmoment $M = -k\,l^2\,\varphi/2$. Mit $D = k\,l^2/2$ und $J = m\,l^2$ findet man

$$f = \frac{1}{2\pi}\sqrt{\frac{k}{2\,m}}.$$

12. Die Stoßdauer wird als halbe Periodendauer der Schwingung eines Feder-Masse-Systems betrachtet mit $m = 100$ g und $k = F/y$.

$$t_s = \frac{T}{2} = \pi\sqrt{\frac{m\,y}{F}} = 1{,}4 \cdot 10^{-4}\ \text{s} = 0{,}14\ \text{ms}$$

13. $T = \dfrac{1}{2}\,T_1 + \dfrac{1}{2}\,T_2 = \dfrac{\pi}{\sqrt{g}}\left(\sqrt{l} + \sqrt{l-h}\right) = 1{,}5$ s

14. $J = \dfrac{1}{2}\,m\,R^2, \quad D = \dfrac{\pi\,G\,d^4}{32\,l} = \dfrac{4\,\pi^2\,J}{T^2}$. Daraus folgt

$$G = \frac{64\,\pi\,m\,R^2\,l}{d^4\,T^2}.$$

15. $y_m = \sqrt{y_{1m}^2 + y_{2m}^2} = 10$ mm; $\tan\varphi = 1{,}33$, $\varphi = 53°$ (Bild 73)

16. $y_m = \sqrt{2\,y_{0m}^2\,(1 + \cos\varphi)}$; siehe Bild 74

Bild 73

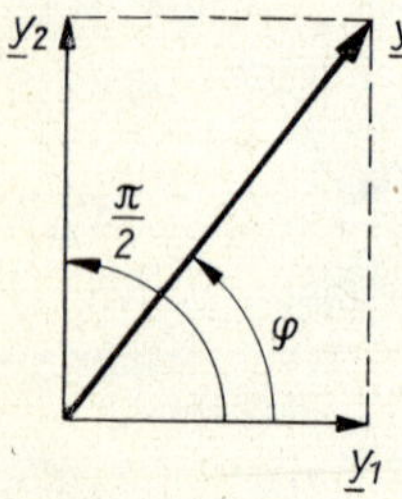

Bild 74

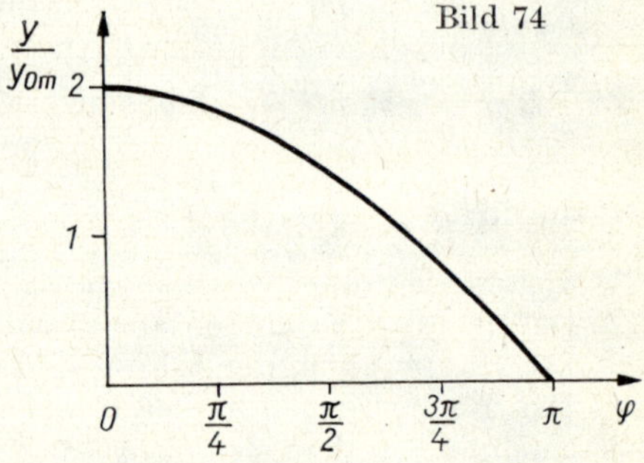

17. Die zweite und dritte Schwingung müssen Phasendifferenzen $2\,\pi/3$ bzw. $-2\,\pi/3$ gegenüber der ersten Schwingung besitzen.

18. $f_s = 1{,}8$ Hz ≈ 2 Hz; $f = (330 \pm 2)$ Hz.
19. siehe Bild 75
20. siehe Bild 76

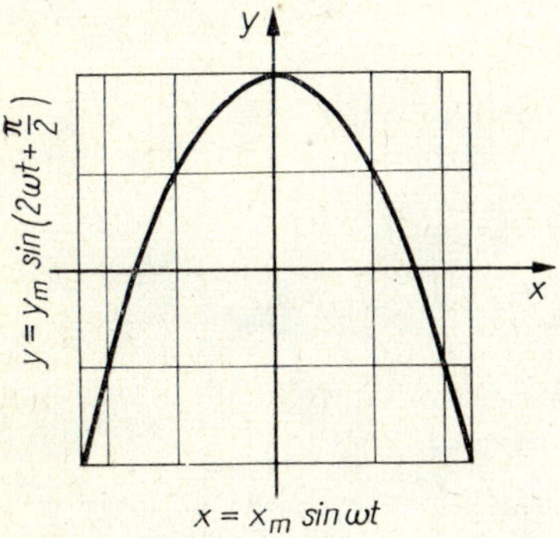

Bild 75

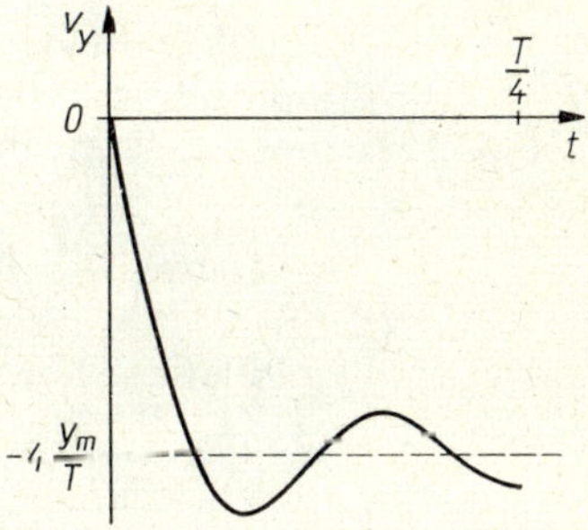

Bild 76

21. $\frac{\omega}{\omega_0} = \sqrt{1 - \left(\frac{\delta}{\omega_0}\right)^2}$ kann als Gleichung eines Kreises betrachtet werden (siehe Bild 77).

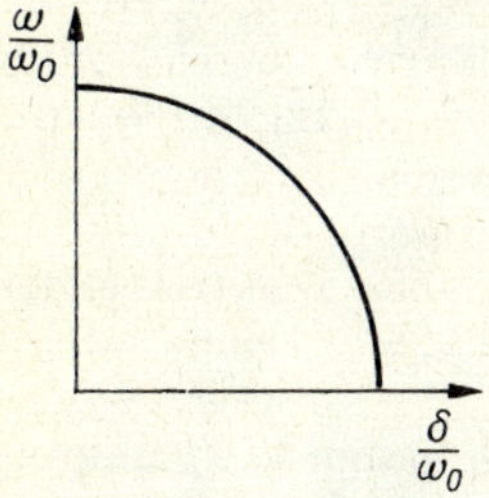

Bild 77

22. $y_{1\,m} : y_{2\,m} = 1{,}66$; $y_{2\,m} : y_{3\,m} = 1{,}66$; $\Lambda = \ln 1{,}66 = 0{,}51$
23. An den Extremstellen ist $v_y = 0$. Aus dem v_y, t-Gesetz folgt

$$0 = -\delta \sin \omega t_E + \omega \cos \omega t_E; \tan \omega t_E = \frac{\omega}{\delta};$$

$$t_E = \frac{1}{\omega} \arctan \frac{\delta}{\omega}$$

24. Aus dem Gesetz von Stokes $F_R = 6\,\pi\,R\,\eta\,v$ folgt

$r = F_R/v = 6\,\pi\,R\,\eta$. Mit $\delta = \frac{r}{2\,m} = \omega_0$ erhält man

$$\eta = \frac{2\,m}{3\,R\,T_0} = 0{,}19\,\frac{\text{kg}}{\text{m s}} = 0{,}19 \text{ Pa s}.$$

25. In (6.2) wird die Extremstelle (Minimum) für den Radikanden bestimmt. Dabei wird als Hilfsvariable $\omega^2 = h$ benutzt: $R = m^2\,(\omega_0{}^2 - h)^2 - r^2\,h$;

$\frac{\mathrm{d}R}{\mathrm{d}h} = -2\,m^2(\omega_0{}^2 - h) + r^2$. Die Ableitung wird Null für

$h = \omega_0{}^2 - \frac{r^2}{2\,m^2}$. Daraus folgt $\omega_r = \sqrt{\omega_0{}^2 - \frac{r^2}{2\,m^2}}$.

26. $\frac{r^2}{2\,m^2} \geqq \omega_0{}^2$; $r \geqq m\,\omega_0\sqrt{2}$

27. Die Extremstelle wird zur Polstelle bei $\omega = \omega_0$.

28. Für die Amplitude der Geschwindigkeit gilt bei der stationären erzwungenen Schwingung

$$v_m = y_m\,\omega = \frac{F_m\,\omega}{\sqrt{m^2(\omega_0{}^2 - \omega^2)^2 + r^2\,\omega^2}} = \frac{F_m}{\sqrt{\frac{m^2}{\omega^2}(\omega_0{}^2 - \omega^2)^2 + r^2}}.$$

Der Radikand läßt sich in der Form darstellen

$R = m^2(\omega_0{}^4/\omega^2 - 2\,\omega_0{}^2 + \omega^2) + r^2$.

Sein Minimum liegt an der Stelle $\omega = \omega_0$. Dort befindet sich das Maximum der Geschwindigkeitsamplitude.

29. Wenn ein Strom durch die Spule fließt, wird der Anker angezogen. Das führt zur Unterbrechung des Stromkreises. Die magnetische Kraft verkleinert sich, so daß die Federkraft den Anker zurückholt. Dadurch wird der Stromkreis erneut geschlossen.

30. Vermeidung des Resonanzbereichs durch ausreichenden Abstand zwischen Anregungsfrequenz und Eigenfrequenz; schnelles Durchlaufen des Resonanzbereichs bei Änderungen der Anregungsfrequenz; ausreichende Dämpfung.

31. Infolge der Vergrößerung der zusätzlichen rücktreibenden Kraft der Feder nimmt die Frequenz f_{sy} zu. Damit wächst auch f_s.

32. Das untere Pendel erreicht bei der Übernahme der gesamten Energie des Systems viel größere Amplituden als das obere.

33. $f_z = \frac{1}{2\,l}\sqrt{\frac{\sigma_z}{\varrho}} = 376$ Hz

34. $f = \frac{c}{4\,l_s} = 447$ Hz

35. Der Widerstand der Lampe beträgt $R = U_R{}^2/P = 303\,\Omega$.

$I = \frac{U_R}{R} = \frac{U}{Z}$; $\frac{Z^2}{R^2} = \left(\frac{U}{U_R}\right)^2$; $X_c = R\sqrt{\left(\frac{U}{U_R}\right)^2 - 1}$;

$$C = \frac{1}{2\,\pi\,f\,R\sqrt{\left(\frac{U}{U_R}\right)^2 - 1}} = 6{,}1\ \mu\mathrm{F}$$

36. $R_p = 54\,\Omega$